統計学 I

種村秀紀／澁谷幹夫

はじめに

　現在私たちの周りでは，コンビニやスーパーの販売情報，電子乗車カードの移動履歴，インターネット通販の購買履歴，ほかにも健康・医療，気象，スポーツなどの幅広い分野でデータが収集されています．例えば，ある病気の新薬による治療に際し，患者を2グループに分け，一方には新薬を投与し，他方には偽薬を投与して，新薬の効果に意味のある違いがあるかどうか検定するという明確な目的でデータの収集が行われています．このような従来からのデータの収集法に加え，今日では情報通信技術の進歩により，例えば，医療界でのレセプト情報・特定検診等情報データベースのような，先を見据えて収集しておけば巡り巡って患者に還元できるであろうという曖昧な目的でも莫大なデータの収集が行われその蓄積ができるようにもなりました．このような客観的に存在する大規模データを対象として，そこから新たな知見を引き出し，価値を創造するための科学を支える柱として統計学が近年益々重要となってきています．特に最近ではデータの整理や計算をこなしてくれる優秀な統計ソフトを私たちでも利用できるようになりました．このようなソフトはデータと適当な命令を入力すればすぐに結果を出力してくれるという手軽さがありますが，なぜこのデータにこの命令を下せばこのような結果が出るのかという，ソフトの奥にある統計学の仕組みを理解していなければ大変な事態を招く恐れがあります．そこで本書は，統計学を利用する人ならば身に付けておかねばならない使い方と仕組みを一からわかりやすく解説する目的で書かれました．基となっているのは，著者が千葉大学，日本大学，一橋大学で行ってきた，高等学校で確率・統計を履修していない学生を主な対象とした統計学の入門講義のノートです．講義のスケジュールについては目次の後のページをご覧ください．

　統計学の考え方や計算法には初学者からするとなじみにくいものがあります．そういうところで読者の皆様が躓くことの無いよう，以下に力を入れて執筆されました．

- 定理の覚え方・使い方，計算の手順を標語や図を用いて丁寧に説明しました．
- 節ごとに多くの演習問題を付け，そのすべてに解答例を詳しく載せました (付録 B)．
- 統計ソフト R を利用した度数分布表，グラフ，数表の作成法や計算例，検定例を載せました．

また，定理の使い方を単純に覚えて使うことに抵抗がある方を対象にすべての定理の直感的な説明や厳密な証明を載せました．

　本書の出版に関して，数学書房の横山伸氏はじめ編集部の方々には構想から出版にいたるまで終始お世話になりました．深く感謝いたします．また江崎翔太氏，山本龍太氏，藪奥哲史氏には $\TeX$ の表組の仕方や参考文献，計算問題の紹介をしていただきました．お礼を申し上げます．

2017 年 11 月

著者

目 次

はじめに i

講義の計画例 vi

第 1 章　統計的方法と記述統計学　　1
- 1.1　母集団，標本，標本データ 1
- 1.2　統計量 2
- 1.3　標本データのグラフ表現 6
- 1.4　1 変量の度数分布表とヒストグラム 8
- 1.5　度数分布表からの標本平均，標本分散，四分位数 10
- 1.6　相関関係 15
- 1.7　2 変量の度数分布表からの標本相関係数 18

第 2 章　確率の基本概念　　20
- 2.1　標本空間と事象 20
- 2.2　事象の演算 22
- 2.3　確率の定義 23
- 2.4　確率の性質 25
- 2.5　条件付確率 27
- 2.6　独立 28
- 2.7　ベイズの定理 29

第 3 章　確率変数と確率分布　　32
- 3.1　確率変数 32
- 3.2　確率分布 33
- 3.3　確率変数の期待値 36
- 3.4　確率変数の分散 39

第 4 章　二項分布とその他の離散分布　　42
- 4.1　二項分布 42
- 4.2　ポアソン分布 45
- 4.3　幾何分布 47
- 4.4　離散一様分布 49

第 5 章　正規分布とその他の連続分布　51
- 5.1　一様分布 51
- 5.2　指数分布 53
- 5.3　正規分布 55
- 5.4　対数正規分布 59
- 5.5　カイ二乗分布 60
- 5.6　t 分布 62
- 5.7　F 分布 64

第 6 章　母集団と標本分布　67
- 6.1　標本平均の期待値 (平均) と分散 69
- 6.2　積率母関数とその性質 71

第 7 章　正規母集団からの標本抽出と標本分布　76
- 7.1　正規母集団の標本平均 76
- 7.2　正規母集団の不偏分散 77

第 8 章　大数の法則と中心極限定理　81
- 8.1　大数の法則 81
- 8.2　中心極限定理 84

第 9 章　点推定と区間推定　86
- 9.1　点推定 86
- 9.2　区間推定 86
- 9.3　母平均の区間推定 87
- 9.4　母分散の区間推定 89
- 9.5　母分散の比の区間推定 90
- 9.6　母比率の区間推定 92

第 10 章　推定量の性質　93
- 10.1　不偏性 93
- 10.2　有効性 94
- 10.3　一致性 97
- 10.4　最尤推定量 99

第 11 章　検定の考え方　100
- 11.1　検定の手順 102
- 11.2　母平均の検定 103
- 11.3　母分散の検定 105

- 11.4 母分散の違いの検定 106
- 11.5 母平均の違いの検定 107
- 11.6 母比率の検定 110

第 12 章 実用的な検定と推定の諸手法 ... 111
- 12.1 適合度の検定 111
- 12.2 正規分布の適合度の検定 114
- 12.3 独立性の検定 118
- 12.4 2 種類の誤り，検定力 121
- 12.5 回帰分析 123
- 12.6 母回帰係数の推定 124
- 12.7 誤差の分散の推定 127

第 13 章 補充問題 ... 129

付録 A 数表 ... 133

付録 B 問題解答例 ... 142
- B.1 第 1 章の解答例 142
- B.2 第 2 章の解答例 149
- B.3 第 3 章の解答例 153
- B.4 第 4 章の解答例 154
- B.5 第 5 章の解答例 157
- B.6 第 6 章の解答例 168
- B.7 第 7 章の解答例 168
- B.8 第 8 章の解答例 170
- B.9 第 9 章の解答例 171
- B.10 第 10 章の解答例 174
- B.11 第 11 章の解答例 176
- B.12 第 12 章の解答例 181
- B.13 第 13 章の解答例 185

参考文献 ... 197

索引 ... 198

講義の計画例

一コマ 90 分, 半期全 16 回 (中間試験 1 回, 期末試験 1 回)

第 1 講	ガイダンス	第 9 講	4.1–4.2
第 2 講	1.1–1.3	第 10 講	5.3, 5.5–5.6
第 3 講	1.4–1.5	第 11 講	6.1, 7.1–7.2
第 4 講	1.6–1.7	第 12 講	8.1–8.2, 9.1–9.2
第 5 講	2.1–2.4	第 13 講	9.3–9.4, 9.6
第 6 講	2.5–2.7	第 14 講	11.1–11.3, 11.6
第 7 講	3.1–3.4	第 15 講	12.1,12.3,12.5–12.6
第 8 講	中間試験	第 16 講	期末試験

一コマ 105 分, 半期全 14 回 (期末試験 1 回)

第 1 講	1.1–1.3	第 8 講	6.1, 7.1–7.2
第 2 講	1.4–1.5	第 9 講	8.1–8.2, 9.1–9.2
第 3 講	1.6–1.7	第 10 講	9.3–9.4, 9.6
第 4 講	2.1–2.7	第 11 講	11.1–11.3, 11.6
第 5 講	3.1–3.4	第 12 講	12.1,12.3–12.4
第 6 講	4.1–4.2	第 13 講	12.5–12.6
第 7 講	5.3, 5.5–5.6	第 14 講	期末試験

一コマ 90 分, 前期後期全 32 回 (前期末試験 1 回, 後期末試験 1 回)

第 1 講	前期ガイダンス	第 1 講	後期ガイダンス
第 2 講	1.1–1.3	第 2 講	6.1, 5.3, 7.1
第 3 講	1.4–1.5	第 3 講	5.5–5.7, 7.2
第 4 講	1.6–1.7	第 4 講	8.1
第 5 講	2.1–2.4	第 5 講	8.2
第 6 講	2.5–2.7	第 6 講	9.1–9.3
第 7 講	3.1–3.2	第 7 講	9.4–9.6
第 8 講	3.3–3.4	第 8 講	10.1–10.2
第 9 講	4.1–4.2	第 9 講	10.3–10.4
第 10 講	4.3–4.4	第 10 講	11.1–11.2
第 11 講	5.1–5.2	第 11 講	11.3–11.4
第 12 講	5.3–5.4	第 12 講	11.5–11.6
第 13 講	5.5–5.7	第 13 講	12.1–12.2
第 14 講	6.1–6.2	第 14 講	12.3–12.4
第 15 講	まとめ	第 15 講	12.5–12.7
第 16 講	前期末試験	第 16 講	後期末試験

第 1 章
統計的方法と記述統計学

本書では，世の中の現象から数値を抽出し，整理して，そこから法則を導き出すための統計的方法の基礎を説明していきます．この章では数値を整理する方法である記述統計学の説明をします．もう一度標語的にいいますと次のようになります．

- **統計的方法**：対象の，それから得られる規則的に変動する具体的数値を通した把握の仕方．
- **記述統計学**：具体的数値の集まりを整理する方法．

1.1 母集団，標本，標本データ

統計学による，現象の把握の仕方を説明するために専門用語を用意します．

- **母集団** (population)：調査や実験で観測の対象となる同種の事物の集まり．
- **標本** (sample)：母集団に関する情報を得るために抽出された母集団の全部または一部．
- **標本データ** (生データ, sample data)：標本から得られた具体的数値，実現値．

例えば，次のようなものがあります．

(a) C 大生の身長を把握する場合，C 大生全員が母集団，そこから抽出された数人の C 大生達が標本，抽出された C 大生達の身長のまとまりが標本データ．

(b) N 国民の内閣の支持を把握する場合，N 国民全員が母集団，そこから抽出された数人の N 国民達が標本，抽出された N 国民達へのアンケート結果 (支持は 1, 不支持は 0 を回答) のまとまりが標本データ．

(c) M 社のアイスの 1 年間の売り上げと気温の関係を把握する場合，元日から大みそかの 365 日 (うるう年なら 366 日) が母集団，そこから抽出された数日が標本，抽出された各日の売り上げと気温の組のまとまりが標本データ．

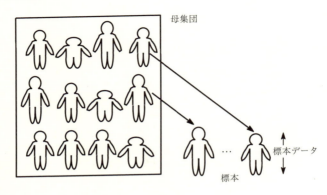

1.2 統計量

母集団の特徴を知るために有用な，標本データの関数 (統計量) を紹介します．

- **標本の大きさ** (sample size)：$n = $「標本の要素数」．

以下，大きさ n の標本データを $x_1, x_2, \ldots, x_n$ とし，これを左から小さい順に並べたものを $\hat{x}_1, \hat{x}_2, \ldots, \hat{x}_n$ とします．

[1] 標本の位置を表す統計量

- **標本平均** (sample mean)：$\bar{x} = \dfrac{1}{n} \sum\limits_{i=1}^{n} x_i = \dfrac{x_1 + x_2 + \cdots + x_n}{n}$.

- **中央値** (メジアン, median)：

$$\mathrm{Me} = \text{「}\hat{x}_1, \hat{x}_2, \ldots, \hat{x}_n \text{の中央の値」}$$

$$= \begin{cases} \text{中央の値} = \hat{x}_{\frac{n+1}{2}} & (n：奇数), \\ \dfrac{\text{中央の2つの和}}{2} = \dfrac{\hat{x}_{\frac{n}{2}} + \hat{x}_{\frac{n}{2}+1}}{2} & (n：偶数). \end{cases}$$

標本平均と中央値は別物であることに注意しましょう．例えば，総務省統計局の家計調査年報 (貯蓄・負債編) を見ると，日本の二人以上の世帯における貯蓄現在高 (貯蓄0を含めた標本平均) と貯蓄の中央値 (貯蓄0を含めた中央値) は大きく違うことがわかります．

年次 (年)	貯蓄現在高 (万円)	貯蓄の中央値 (万円)
2020	1791	1016
2021	1880	1026

- q 分位数 (q-quantile)：$0 \leqq q \leqq 1$ に対し
$$Q_q = \hat{x}_{\lfloor 1+q(n-1) \rfloor} + \{1 + q(n-1) - \lfloor 1+q(n-1) \rfloor\}\{\hat{x}_{\lceil 1+q(n-1) \rceil} - \hat{x}_{\lfloor 1+q(n-1) \rfloor}\}.$$
ただし，床関数 $\lfloor x \rfloor$ =「x 以下の最大の整数」，天井関数 $\lceil x \rceil$ =「x 以上の最小の整数」と定めます．特に，

- 最小値 (minimum)：$\text{Min} = \hat{x}_1 = Q_0$.
- 第 1 四分位数 (first quartile)：$Q_{\frac{1}{4}}$.
- 第 2 四分位数 (second quartile)：$Q_{\frac{1}{2}} \stackrel{(*)}{=} \text{Me}$.
- 第 3 四分位数 (third quartile)：$Q_{\frac{3}{4}}$.
- 最大値 (maximum)：$\text{Max} = \hat{x}_n = Q_1$.

ここで，$(*)$ は $\left\lfloor \dfrac{n+1}{2} \right\rfloor = \begin{cases} \dfrac{n+1}{2} & (n：奇数), \\ \dfrac{n}{2} & (n：偶数) \end{cases}$ と $\left\lceil \dfrac{n+1}{2} \right\rceil = \begin{cases} \dfrac{n+1}{2} & (n：奇数), \\ \dfrac{n}{2} + 1 & (n：偶数) \end{cases}$

より以下のように証明できます．
$$Q_{\frac{1}{2}} = \hat{x}_{\lfloor \frac{n+1}{2} \rfloor} + \left(\frac{n+1}{2} - \left\lfloor \frac{n+1}{2} \right\rfloor\right)\left(\hat{x}_{\lceil \frac{n+1}{2} \rceil} - \hat{x}_{\lfloor \frac{n+1}{2} \rfloor}\right)$$
$$= \begin{cases} \hat{x}_{\frac{n+1}{2}} & (n：奇数), \\ \hat{x}_{\frac{n}{2}} + \dfrac{1}{2}\left(\hat{x}_{\frac{n}{2}+1} - \hat{x}_{\frac{n}{2}}\right) = \dfrac{\hat{x}_{\frac{n}{2}} + \hat{x}_{\frac{n}{2}+1}}{2} & (n：偶数) \end{cases} = \text{Me}.$$

- ヒンジ (hinge)：
  - 下側ヒンジ (lower hinge)：
    HL =「$\hat{x}_1, \ldots, \hat{x}_n$ のうち中央値を境にして左側にある要素の中央値」
    $= \begin{cases} \hat{x}_1, \ldots, \hat{x}_{\frac{n+1}{2}} \text{の中央値} & (n：奇数), \\ \hat{x}_1, \ldots, \hat{x}_{\frac{n}{2}} \text{の中央値} & (n：偶数). \end{cases}$
  - 上側ヒンジ (upper hinge)：
    HU =「$\hat{x}_1, \ldots, \hat{x}_n$ のうち中央値を境にして右側にある要素の中央値」
    $= \begin{cases} \hat{x}_{\frac{n+1}{2}}, \ldots, \hat{x}_n \text{の中央値} & (n：奇数), \\ \hat{x}_{\frac{n}{2}+1}, \ldots, \hat{x}_n \text{の中央値} & (n：偶数). \end{cases}$

四分位数とヒンジは別物で，本書と異なる定義もあることに注意しましょう．

例 1.1 標本データ 1, 6, 3 についてはこれを小さい順に左から並べて (1, 3, 6) 計算しますと，四分位数とヒンジは同じ値になります．

$$\text{Min} = 1, \quad \text{Me} = 3, \quad \text{Max} = 6,$$
$$Q_{\frac{1}{4}} = \hat{x}_{\lfloor 1.5 \rfloor} + (1.5 - \lfloor 1.5 \rfloor)(\hat{x}_{\lceil 1.5 \rceil} - \hat{x}_{\lfloor 1.5 \rfloor})$$
$$= \hat{x}_1 + 0.5(\hat{x}_2 - \hat{x}_1) = 1 + 0.5(3 - 1) = 2,$$
$$\text{HL} = \lceil 1, 3 \text{ の中央値} \rfloor = 2,$$
$$Q_{\frac{3}{4}} = \hat{x}_{\lfloor 2.5 \rfloor} + (2.5 - \lfloor 2.5 \rfloor)(\hat{x}_{\lceil 2.5 \rceil} - \hat{x}_{\lfloor 2.5 \rfloor})$$
$$= \hat{x}_2 + 0.5(\hat{x}_3 - \hat{x}_2) = 3 + 0.5(6 - 3) = 4.5,$$
$$\text{HU} = \lceil 3, 6 \text{ の中央値} \rfloor = 4.5.$$

しかし，標本データ 6, 4, 1, 3 についてはこれを小さい順に左から並べて (1, 3, 4, 6) 計算しますと，四分位数とヒンジは違う値になります．

$$\text{Min} = 1, \quad \text{Me} = \frac{3+4}{2} = 3.5, \quad \text{Max} = 6,$$
$$Q_{\frac{1}{4}} = \hat{x}_{\lfloor 1.75 \rfloor} + (1.75 - \lfloor 1.75 \rfloor)(\hat{x}_{\lceil 1.75 \rceil} - \hat{x}_{\lfloor 1.75 \rfloor})$$
$$= \hat{x}_1 + 0.75(\hat{x}_2 - \hat{x}_1) = 1 + 0.75(3 - 1) = 2.5,$$
$$\text{HL} = \lceil 1, 3 \text{ の中央値} \rfloor = 2,$$
$$Q_{\frac{3}{4}} = \hat{x}_{\lfloor 3.25 \rfloor} + (3.25 - \lfloor 3.25 \rfloor)(\hat{x}_{\lceil 3.25 \rceil} - \hat{x}_{\lfloor 3.25 \rfloor})$$
$$= \hat{x}_3 + 0.25(\hat{x}_4 - \hat{x}_3) = 4 + 0.25(6 - 4) = 4.5,$$
$$\text{HU} = \lceil 4, 6 \text{ の中央値} \rfloor = 5.$$

R では以下のように計算できます．

```
> x <- c(6, 4, 1, 3) #標本データをxに格納
> summary(x)
   Min. 1st Qu.  Median    Mean 3rd Qu.    Max.
    1.0     2.5     3.5     3.5     4.5     6.0
> fivenum(x) #Min, HL, Me, HU, Max
[1] 1.0 2.0 3.5 5.0 6.0
```

- **最頻値** (モード, mode)：Mo =「$x_1, \ldots, x_n$ のうち最多数現れる値」．
  例えば，標本データ 150, 150, 150, 170, 170, 170, 170, 170, 180 には 150 が 3 つ，170 が 5 つ，180 が 1 つ現れていますので最頻値は最多の 5 つ現れている 170 です．

[2] 標本の散らばり具合を表す統計量

- **標本分散** (sample variance)：

$$s^2 = \frac{1}{n}\sum_{i=1}^{n}(x_i - \overline{x})^2 = \frac{(x_1-\overline{x})^2 + (x_2-\overline{x})^2 + \cdots + (x_n-\overline{x})^2}{n} : 定義$$

$$\stackrel{(*)}{=} \frac{1}{n}\sum_{i=1}^{n}x_i^2 - \overline{x}^2 = \frac{x_1^2 + x_2^2 + \cdots + x_n^2}{n} - \overline{x}^2$$

$$= \underbrace{\overline{x^2}}_{二乗の平均} \underbrace{-}_{引く} \underbrace{\overline{x}^2}_{平均の二乗} : 計算しやすい.$$

「平均からのズレ」の二乗の平均です．$(*)$ は以下のように変形しました．

$$\frac{1}{n}\sum_{i=1}^{n}(x_i - \overline{x})^2 \stackrel{二乗展開}{=} \frac{1}{n}\sum_{i=1}^{n}(x_i^2 - 2\overline{x}x_i + \overline{x}^2)$$

$$= \frac{1}{n}\sum_{i=1}^{n}x_i^2 - 2\overline{x}\frac{1}{n}\sum_{i=1}^{n}x_i + \overline{x}^2 = \frac{1}{n}\sum_{i=1}^{n}x_i^2 - \overline{x}^2.$$

- **標本標準偏差** (sample standard deviation)：$s = \sqrt{s^2}$．分散で二乗された単位をルートで元に戻したものです．

- **不偏分散** (unbiased variance)：

$$u^2 = \frac{1}{n-1}\sum_{i=1}^{n}(x_i - \overline{x})^2 : 定義$$

$$= \frac{n}{n-1}s^2 = \frac{n}{n-1}(\overline{x^2} - \overline{x}^2) : 計算しやすい.$$

- x_i の偏差値 (standard score)：$ss_i = 10 \times \dfrac{x_i - \overline{x}}{s} + 50$.

  例えば，標本データ $x_1 = 60$ (点)，$x_2 = 20$ (点)，$x_3 = 100$ (点) の平均点と標準偏差は $\overline{x} = 60, s = 32.7$ で，x_1, x_2, x_3 の偏差値は $ss_1 = 50, ss_2 = 37.8, ss_3 = 62.2$.

- **四分位範囲** (interquartile range)：$\text{IQR} = Q_{\frac{3}{4}} - Q_{\frac{1}{4}}$.

問題 1.2 C 病院の一週間の外来患者数を調べて，次の表を得ました．

開院日	月	火	水	木	金	土
外来患者数 (人)	252	198	155	163	132	204

(1) 標本の大きさ n，標本平均 $\overline{x}$，中央値 Me を求めなさい．
(2) 標本分散 s^2，標本標準偏差 s を求めなさい．

1.3 標本データのグラフ表現

標本データを視覚的に表現する方法を紹介します．

- **棒グラフ，ヒストグラム**：数や量の大小を把握するのに適しています．
- **円グラフ，帯グラフ**：比率を把握するのに適しています．
- **折れ線グラフ**：変化の様子を把握するのに適しています．
- **箱ひげ図**：ばらつきを把握するのに適しています．
- **散布図**：2 つの変量の関係を把握するのに適しています．

例えば，ある大学生の 1 日の生活 (時間)(講義 7, 通学 1, 食事 2, 睡眠 8, その他 6) の円グラフと帯グラフを R で描くと次のようになります．

```
> x <- c(7, 1, 2, 8, 6)
> names(x) <- c("kougi","tugaku","shokuji","suimin","sonota")
> pie(x) #円グラフ
> barplot(as.matrix(x)) #帯グラフ
```

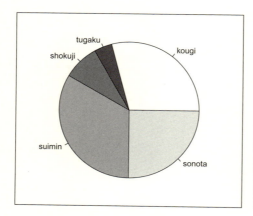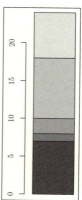

ある大学生の半年間の体重 (kg) の変化 (3 月 62, 4 月 61, 5 月 62, 6 月 61, 7 月 58, 8 月 55) の折れ線グラフを R で描くと次のようになります．

```
> month <- c(3, 4, 5, 6, 7, 8)
> weight <- c(62, 61, 62, 61, 58, 55)
> plot(month, weight, type="b") #折れ線グラフ
```

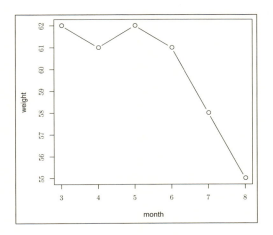

　ある大学生の一週間の講義数 (コマ)(月 5, 火 4, 水 3, 木 5, 金 6, 土 2) の箱ひげ図を R で描くと次のようになります.

```
> x <- c(5, 4, 3, 5, 6, 2)
> boxplot(x)  #箱ひげ図
```

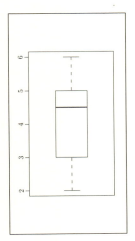

上のひげの上部 = Max = 6,
箱の上部 = 上のひげの下部 = HU = 5,
箱の中の線 = Me = 4.5,
箱の下部 = 下のひげの上部 = HL = 3,
下のひげの下部 = Min = 2.

　ヒストグラムと散布図については以下の節で詳しく説明します.

1.4　1 変量の度数分布表とヒストグラム

ヒストグラムを描くためには度数分布表を作成する必要があります．

- **度数分布表**：標本データを等間隔でいくつかの階級に分け，各階級にいくつ要素が属しているかをまとめた表．

以下のように作成します．

1. 標本データの最大値 (Max) と最小値 (Min) を探し，標本データの範囲 (レンジ, R) を求めます．$R = \text{Max} - \text{Min}$.
2. 階級の個数 (m) を 10~15 辺りの数に決めます．m の目安にはスタージェスの公式：「$m = 1 + \log_2 n$」というものもあります．
3. 階級の幅 (c) を自然数などで，まとまりの良い数に決めます．すべて同じ値とします．表の上から j 番目にある第 j 階級の下限を a_j，上限を b_j とすると $c = b_j - a_j$.
4. 標本データが連続量のときは，階級の上限 b_j と次の階級の下限 a_{j+1} を同じ値にします．「$a_j \sim b_j$」は「a_j 以上 b_j 未満」を意味します．ただし第 m 階級のみ「a_m 以上 b_m 以下」を意味します．
5. 階級の中央値を階級値 (x_j) といい，階級に属する要素をこの階級値で代表させます．
$$x_j = \frac{a_j + b_j}{2} \quad :階級の下限と上限を足して 2 で割る．$$
6. 標本データを上で設定した階級に分類し，集計していきます．各階級に分類された要素の総数を度数 (f_j) といい，度数の合計は標本の大きさ n で，総度数といいます．
7. 度数を第 1 階級から加算したものを累積度数 F_j といいます．
$$F_j = f_1 + f_2 + \cdots + f_j = \sum_{i=1}^{j} f_i.$$
8. 各度数を総度数で割ったものを比率 (相対度数) p_j といい，比率を第 1 階級から加算したものを累積比率 (累積相対度数) P_j といいます．比率の合計は 1 です．
$$p_j = \frac{f_j}{n}, \quad P_j = p_1 + p_2 + \cdots + p_j = \sum_{i=1}^{j} p_i.$$

度数分布表が作成できたらヒストグラムを描けます．

- **ヒストグラム (histogram)**：度数分布表を柱状のグラフにしたもの (横軸：各階級の範囲，縦軸：度数)．

例 1.3 X 大学の学生 50 人の身長 (cm) を調べて，次の結果を得ました．

$$149\ 153\ 153\ 155\ 153\ 165\ 155\ 160\ 165\ 155$$
$$157\ 161\ 161\ 155\ 155\ 155\ 155\ 151\ 159\ 157$$
$$157\ 154\ 165\ 157\ 154\ 157\ 151\ 164\ 155\ 155$$
$$158\ 163\ 160\ 154\ 160\ 163\ 156\ 163\ 155\ 147$$
$$162\ 152\ 158\ 156\ 166\ 158\ 160\ 171\ 161\ 155$$

階級の範囲 $R = \text{Max} - \text{Min} = 171 - 147 = 24$ より，階級の個数を 10 個辺りにするために階級の幅 $c = \frac{24}{10} = 2.4 \fallingdotseq 3$ とすると，度数分布表は例えば次のようになります．

階級の範囲 $a_j \sim b_j$	階級値 x_j	度数 f_j	累積度数 F_j	比率 p_j	累積比率 P_j
144.5 ~ 147.5	146	1 一	1	0.02	0.02
147.5 ~ 150.5	149	1 一	2	0.02	0.04
150.5 ~ 153.5	152	6 正一	8	0.12	0.16
153.5 ~ 156.5	155	16 正 正 正 一	24	0.32	0.48
156.5 ~ 159.5	158	9 正 正	33	0.18	0.66
159.5 ~ 162.5	161	8 正 下	41	0.16	0.82
162.5 ~ 165.5	164	7 正 丁	48	0.14	0.96
165.5 ~ 168.5	167	1 一	49	0.02	0.98
168.5 ~ 171.5	170	1 一	50	0.02	1.00
合計		50		1.00	

ヒストグラムを描くと次のようになります．

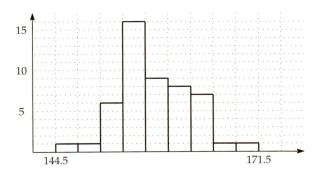

問題 1.4 Y 大学の学生 50 人の身長 (cm) を調べて，次の結果を得ました．

159 163 163 165 163 175 165 170 175 165
167 171 171 155 155 185 155 151 159 157
157 154 165 157 154 157 151 154 155 155
158 163 170 154 160 163 156 163 145 147
159 158 159 158 148 163 167 182 168 153

(1) 度数分布表を完成させなさい． (2) ヒストグラムを描きなさい．

1.5 度数分布表からの標本平均，標本分散，四分位数

生データは手元にないけれども度数分布表は手元にある場合などには次のようにして標本平均，標本分散を計算します．

階級の範囲 $a_j \sim b_j$	階級値 x_j	度数 f_j	比率 p_j	⋯
$a_1 \sim b_1$	x_1	f_1	p_1	⋯
$a_2 \sim b_2$	x_2	f_2	p_2	⋯
⋮	⋮	⋮	⋮	⋮
$a_m \sim b_m$	x_m	f_m	p_m	⋯
合計		n	1	⋯

階級の幅 $c = b_j - a_j$

$$\text{標本平均 } \bar{x} = \frac{1}{n}\sum_{j=1}^{m} x_j f_j = \frac{x_1 f_1 + \cdots + x_m f_m}{n} \quad : 度数利用$$

$$= \sum_{j=1}^{m} x_j p_j = x_1 p_1 + \cdots + x_m p_m \quad : 比率利用．$$

$$\text{標本分散 } s^2 = \frac{1}{n}\sum_{j=1}^{m}(x_j - \bar{x})^2 f_j = \frac{(x_1-\bar{x})^2 f_1 + \cdots + (x_m-\bar{x})^2 f_m}{n}$$

$$= \frac{1}{n}\sum_{j=1}^{m} x_j^2 f_j - \bar{x}^2 = \frac{x_1^2 f_1 + \cdots + x_m^2 f_m}{n} - \bar{x}^2 \quad : 度数利用$$

$$= \sum_{j=1}^{m}(x_j - \bar{x})^2 p_j = (x_1 - \bar{x})^2 p_1 + \cdots + (x_m - \bar{x})^2 p_m$$

$$= \sum_{j=1}^{m} x_j^2 p_j - \bar{x}^2 = (x_1^2 p_1 + \cdots + x_m^2 p_m) - \bar{x}^2 \quad : 比率利用．$$

C大生の身長で説明しますと第1階級 (a_1 cm 以上 b_1 cm 未満) の f_1 人の学生は全員 x_1 cm, 第2階級 (a_2 cm 以上 b_2 cm 未満) の f_2 人の学生は全員 x_2 cm, ..., 第 m 階級 (a_m cm 以上 b_m cm 以下) の f_m 人の学生は全員 x_m cm であると考えて，この章のはじめに紹介した標本平均，標本分散を計算しているということになります．

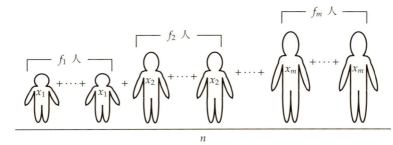

度数分布表からの標本平均，標本分散の簡便計算法

次のように階級値に一次変換 (定数倍して定数を加える変形) をほどこすと簡便に計算できます．

階級値 x_j	階級値の一次変換 z_j	比率 p_j
x_1	$\frac{x_1-a}{c}$	p_1
x_2	$\frac{x_2-a}{c}$	p_2
⋮	⋮	⋮
x_m	$\frac{x_m-a}{c}$	p_m

階級の幅 $c = b_j - a_j$,
$a = $「中央付近の階級値」

(1) (標本平均の簡便計算法) $\bar{x} = a + c\bar{z}$:

$$\bar{z} = \sum_{j=1}^{m} z_j p_j \stackrel{z_j\text{の定義}}{=} \sum_{j=1}^{m} \frac{x_j - a}{c} p_j \stackrel{\Sigma\text{分配}}{=} \frac{1}{c}\left(\sum_{j=1}^{m} x_j p_j - a \sum_{j=1}^{m} p_j\right) = \frac{\bar{x}-a}{c} \Longrightarrow \bar{x} = a + c\bar{z}.$$

(2) (標本分散の簡便計算法) $s^2 = c^2 s_z^2$:

$$s_z^2 = \sum_{j=1}^{m}(z_j - \bar{z})^2 p_j \stackrel{z_j\text{の定義}}{\underset{(1)}{=}} \sum_{j=1}^{m}\left(\frac{x_j-a}{c} - \frac{\bar{x}-a}{c}\right)^2 p_j = \frac{1}{c^2}\sum_{j=1}^{m}(x_j - \bar{x})^2 p_j = \frac{s^2}{c^2}$$
$$\Longrightarrow s^2 = c^2 s_z^2.$$

例えば次のように簡便に計算できます．

階級値 x_j	階級値の一次変換 z_j	比率 p_j
1235	−1	0.4
1240	0	0.5
1245	1	0.1

$c = 5,$
$a = 1240$

$$\Longrightarrow \begin{bmatrix} \bar{z} = (-1) \cdot 0.4 + 0 \cdot 0.5 + 1 \cdot 0.1 = -0.3, \\ s_z^2 = (-1)^2 \cdot 0.4 + 0^2 \cdot 0.5 + 1^2 \cdot 0.1 - (-0.3)^2 = 0.41, \\ \bar{x} = 1240 + 5 \cdot (-0.3) = 1238.5, \quad s^2 = 5^2 \cdot 0.41 = 10.25. \end{bmatrix}$$

度数分布表からの四分位数は次のようにして求めます.

度数分布表からの四分位数の求め方 (第 1 四分位数 $Q_{\frac{1}{4}}$ で説明します)

1. 累積度数多角形 (:階級の上限とその階級の累積度数を組にした点 (b_j, F_j) を結んだ折れ線) を描きます.

第 j 階級 (図では $j = 2$) に入っているとわかります.

2. 傾きの式を立てて計算します.

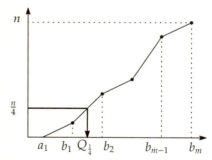

$$\frac{\frac{n}{4} - F_{j-1}}{Q_{\frac{1}{4}} - a_j} = \frac{F_j - F_{j-1}}{b_j - a_j} = \frac{f_j}{c}$$

$$\Longleftrightarrow Q_{\frac{1}{4}} = a_j + \frac{c}{f_j}\left(\frac{n}{4} - F_{j-1}\right).$$

第 2 四分位数については $\frac{2n}{4}$, 第 3 四分位数については $\frac{3n}{4}$ を見れば求められます.

具体的には次のように計算します.

例 1.5
X 大学の学生の身長 (cm) を調べて，次の度数分布表を得ました．

階級の範囲 $a_j \sim b_j$	階級値 x_j	度数 f_j	累積度数 F_j	比率 p_j	累積比率 P_j
144.5 〜 147.5	146	1	1	0.02	0.02
147.5 〜 150.5	149	1	2	0.02	0.04
150.5 〜 153.5	152	6	8	0.12	0.16
153.5 〜 156.5	155	16	24	0.32	0.48
156.5 〜 159.5	158	9	33	0.18	0.66
159.5 〜 162.5	161	8	41	0.16	0.82
162.5 〜 165.5	164	7	48	0.14	0.96
165.5 〜 168.5	167	1	49	0.02	0.98
168.5 〜 171.5	170	1	50	0.02	1.00
合計		50		1.00	

標本平均，標本標準偏差は次のように計算します．

標本平均 $\bar{x} = \dfrac{146 \times 1 + \cdots + 170 \times 1}{50} = 157.64$,

標本分散 $s^2 = \dfrac{146^2 \times 1 + \cdots + 170^2 \times 1}{50} - 157.64^2 = 22.5504$,

標本標準偏差 $s = 4.7487$.

四分位数は，まず累積度数多角形を描きます．

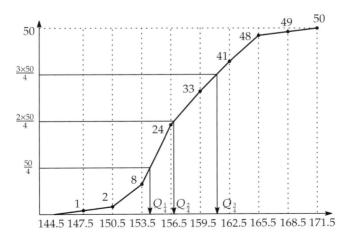

この図を利用して次のように計算します．

$$\begin{bmatrix} \dfrac{\frac{50}{4} - 8}{Q_{\frac{1}{4}} - 153.5} = \dfrac{16}{3} \\ \Leftrightarrow Q_{\frac{1}{4}} = 153.5 + \dfrac{3}{16}\left(\dfrac{50}{4} - 8\right) = 154.3438 \end{bmatrix},$$

$$\begin{bmatrix} \dfrac{\frac{2 \times 50}{4} - 24}{Q_{\frac{2}{4}} - 156.5} = \dfrac{9}{3} \\ \Leftrightarrow Q_{\frac{2}{4}} = 156.5 + \dfrac{3}{9}\left(\dfrac{2 \times 50}{4} - 24\right) = 156.8333 \end{bmatrix},$$

$$\begin{bmatrix} \dfrac{\frac{3 \times 50}{4} - 33}{Q_{\frac{3}{4}} - 159.5} = \dfrac{8}{3} \\ \Leftrightarrow Q_{\frac{3}{4}} = 159.5 + \dfrac{3}{8}\left(\dfrac{3 \times 50}{4} - 33\right) = 161.1875 \end{bmatrix},$$

$\text{IQR} = Q_{\frac{3}{4}} - Q_{\frac{1}{4}} = 6.8437.$

問題 1.6 Y 大学の学生の身長 (cm) を調べて，次の度数分布表を得ました．

階級の範囲 $a_j \sim b_j$	階級値 x_j	度数 f_j	累積度数 F_j	比率 p_j	累積比率 P_j
$142.5 \sim 147.5$	145	2	2	0.04	0.04
$147.5 \sim 152.5$	150	3	5	0.06	0.10
$152.5 \sim 157.5$	155	15	20	0.30	0.40
$157.5 \sim 162.5$	160	8	28	0.16	0.56
$162.5 \sim 167.5$	165	13	41	0.26	0.82
$167.5 \sim 172.5$	170	5	46	0.10	0.92
$172.5 \sim 177.5$	175	2	48	0.04	0.96
$177.5 \sim 182.5$	180	1	49	0.02	0.98
$182.5 \sim 187.5$	185	1	50	0.02	1.00
合計		50		1.00	

(1) 標本平均，標本標準偏差を求めなさい．

(2) 累積度数多角形を描き，第 1, 2, 3 四分位数，四分位範囲を求めなさい．

1.6 相関関係

アイスの売り上げと気温や，身長と体重などの，標本の各要素が持つ 2 つの量の関係を把握する方法を説明していきます．まずは視覚的に標本の 2 変量データを把握する方法として，散布図というものがあります．

- **散布図** (scatter plot)：2 変量標本データを平面上に打点した図．
  例えば，標本データ $(x, y) = (1, 2), (2, 3), (3, 1), (4, 4), (5, 3)$ の散布図は以下の通りです．

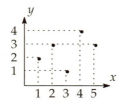

標本の 2 変量データの関数 (統計量) を紹介します．以下，大きさ n の標本の 2 変量データを $(x_1, y_1), \ldots, (x_n, y_n)$ とし x, y の標本平均，標本分散，標本標準偏差をそれぞれ以下のようにおきます．

$$\overline{x} = \frac{1}{n} \sum_{i=1}^{n} x_i, \quad s_x^2 = \frac{1}{n} \sum_{i=1}^{n} (x_i - \overline{x})^2, \quad s_x = \sqrt{s_x^2},$$

$$\overline{y} = \frac{1}{n} \sum_{i=1}^{n} y_i, \quad s_y^2 = \frac{1}{n} \sum_{i=1}^{n} (y_i - \overline{y})^2, \quad s_y = \sqrt{s_y^2}.$$

- **標本共分散** (sample covariance)：

$$\begin{aligned} s_{xy} &= \frac{1}{n} \sum_{i=1}^{n} (x_i - \overline{x})(y_i - \overline{y}) \quad : 定義 \\ &\stackrel{(*)}{=} \frac{1}{n} \sum_{i=1}^{n} x_i y_i - \overline{x} \cdot \overline{y} = \frac{x_1 y_1 + \cdots + x_n y_n}{n} - \overline{x} \cdot \overline{y} \\ &= \underset{積の平均}{\overline{x \cdot y}} \underset{引く}{-} \underset{平均の積}{\overline{x} \cdot \overline{y}} \quad : 計算しやすい. \end{aligned}$$

$(*)$ は標本平均の定義より以下のように変形しました．

$$\frac{1}{n} \sum_{i=1}^{n} (x_i - \overline{x})(y_i - \overline{y}) \stackrel{展開}{=} \frac{1}{n} \sum_{i=1}^{n} (x_i y_i - x_i \overline{y} - \overline{x} y_i + \overline{x} \cdot \overline{y})$$

$$= \frac{1}{n} \sum_{i=1}^{n} x_i y_i - \left(\frac{1}{n} \sum_{i=1}^{n} x_i \right) \overline{y} - \overline{x} \left(\frac{1}{n} \sum_{i=1}^{n} y_i \right) + \overline{x} \cdot \overline{y} = \frac{1}{n} \sum_{i=1}^{n} x_i y_i - \overline{x} \cdot \overline{y}.$$

- **標本相関係数 (sample correlation coefficient)：**

$$r_{xy} = \frac{s_{xy}}{s_x s_y} \quad : \frac{\text{標本共分散}}{\text{標本標準偏差の積}}.$$

標本相関係数のとりうる値の範囲は -1 以上 1 以下です．このことは標本分散と標本共分散の定義より以下のように証明できます．

$$0 \leqq \frac{1}{n} \sum_{i=1}^{n} \left[\left(\frac{x_i - \bar{x}}{s_x} \right) \pm \left(\frac{y_i - \bar{y}}{s_y} \right) \right]^2$$

$$= \frac{\frac{1}{n} \sum_{i=1}^{n} (x_i - \bar{x})^2}{s_x^2} + \frac{\frac{1}{n} \sum_{i=1}^{n} (y_i - \bar{y})^2}{s_y^2} \pm 2 \frac{\frac{1}{n} \sum_{i=1}^{n} (x_i - \bar{x})(y_i - \bar{y})}{s_x s_y} = 2 \pm 2 r_{xy}$$

より $\pm r_{xy} \geqq -1$．つまり $-1 \leqq r_{xy} \leqq 1$．

相関係数と散布図の関係

相関係数と散布図には次のような関係があります．

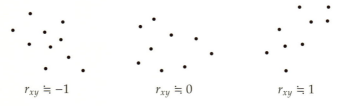

$r_{xy} \fallingdotseq -1$ \qquad $r_{xy} \fallingdotseq 0$ \qquad $r_{xy} \fallingdotseq 1$

つまり，相関係数が -1 に近い場合は，気温とおでんの売り上げのような右下がりの傾向を示し，1 に近い場合は，気温とアイスの売り上げのような右上がりの傾向を示し，0 に近い場合は気温とお米の売り上げのような右下がりでも右上がりでもない傾向を示します．

1 変量の場合と同様に 2 変量データも度数分布表にまとめることができます．

- **2 変量の度数分布表：** 2 変量の標本データを各変量毎に等間隔でいくつかの階級に分け，各階級にいくつ要素が属しているかをまとめた表．

それでは散布図と度数分布表の完成品，標本相関係数の計算法をご覧下さい．

例 1.7 C 大生 10 人の (身長 (cm), 体重 (kg)) (= (x, y)) を調べて，次の結果を得ました．

x	170	157	163	153	155	172	180	165	155	168
y	68	50	55	48	48	68	75	63	53	65

散布図は次のように描きます．

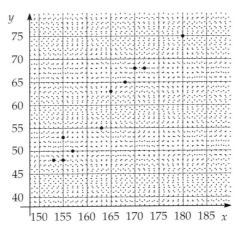

標本相関係数は以下のように計算します．

$$\bar{x} = 163.8, \quad \overline{x^2} = 26901, \quad s_x^2 = \overline{x^2} - \bar{x}^2 = 70.56, \quad s_x = \sqrt{s_x^2} = 8.4,$$

$$\bar{y} = 59.3, \quad \overline{y^2} = 3600.9, \quad s_y^2 = \overline{y^2} - \bar{y}^2 = 84.41, \quad s_y = \sqrt{s_y^2} = 9.187491,$$

$$\overline{x \cdot y} = \frac{1}{10}(170 \times 68 + 157 \times 50 + \cdots + 168 \times 65) = 9788.5,$$

$$s_{xy} = \overline{x \cdot y} - \bar{x} \cdot \bar{y} = 75.16, \quad r_{xy} = \frac{s_{xy}}{s_x s_y} = 0.973891.$$

度数分布表は例えば以下のようになります．

x \ y		47.5 ~ 58.5	58.5 ~ 69.5	69.5 ~ 80.5	合計
		53	64	75	
150.5 ~ 161.5	156	4	0	0	4
161.5 ~ 172.5	167	1	4	0	5
172.5 ~ 183.5	178	0	0	1	1
合計		5	4	1	10

問題 1.8 D 大学の 10 人の (身長 (cm), 体重 (kg)) (= (x, y)) を調べて，次の結果を得ました．散布図を描き，標本相関係数を求め，度数分布表を完成させなさい．

x	175	154	162	156	185	172	180	165	155	168
y	65	49	54	44	74	68	75	63	53	65

1.7　2 変量の度数分布表からの標本相関係数

生データは手元にないけれども 2 変量の度数分布表は手元にある場合などには，1 変量のときと同様に考えて，次のようにして相関係数などを計算します．

x \ y		$c_1 \sim d_1$ y_1	$c_2 \sim d_2$ y_2	$\cdots$	$c_l \sim d_l$ y_l	合計
$a_1 \sim b_1$	x_1	f_{11}	f_{12}	$\cdots$	f_{1l}	f_1^x
$a_2 \sim b_2$	x_2	f_{21}	f_{22}	$\cdots$	f_{2l}	f_2^x
$\vdots$	$\vdots$	$\vdots$	$\vdots$	$\vdots$	$\vdots$	$\vdots$
$a_m \sim b_m$	x_m	f_{m1}	f_{m2}	$\cdots$	f_{ml}	f_m^x
合計		f_1^y	f_2^y	$\cdots$	f_l^y	n

が与えられたとき，

x の標本平均 $\bar{x} = \dfrac{1}{n}\sum_{j=1}^{m} x_j f_j^x$.

y の標本平均 $\bar{y} = \dfrac{1}{n}\sum_{k=1}^{l} y_k f_k^y$.

x の標本分散 $s_x^2 = \dfrac{1}{n}\sum_{j=1}^{m}(x_j-\bar{x})^2 f_j^x = \dfrac{1}{n}\sum_{j=1}^{m} x_j^2 f_j^x - \bar{x}^2$.

y の標本分散 $s_y^2 = \dfrac{1}{n}\sum_{k=1}^{l}(y_k-\bar{y})^2 f_k^y = \dfrac{1}{n}\sum_{k=1}^{l} y_k^2 f_k^y - \bar{y}^2$.

標本共分散 $s_{xy} = \dfrac{1}{n}\sum_{\substack{j=1,\ldots,m \\ k=1,\ldots,l}}(x_j-\bar{x})(y_k-\bar{y})f_{jk} = \dfrac{1}{n}\sum_{\substack{j=1,\ldots,m \\ k=1,\ldots,l}} x_j y_k f_{jk} - \bar{x}\cdot\bar{y}$.

標本相関係数 $r_{xy} = \dfrac{s_{xy}}{s_x s_y}$.

例 1.9 C 大生の (身長 (cm), 体重 (kg)) (= (x, y)) を調べて，次の度数分布表を得ました．

x \ y		43.5 ~ 52.5	52.5 ~ 61.5	61.5 ~ 70.5	合計
		48	57	66	
150.5 ~ 159.5	155	3	1	0	4
159.5 ~ 168.5	164	0	1	2	3
168.5 ~ 177.5	173	0	0	3	3
合計		3	2	5	10

標本相関係数は以下のように計算します．

$$\bar{x} = \frac{1}{10}(155 \times 4 + 164 \times 3 + 173 \times 3) = 163.1,$$

$$\overline{x^2} = \frac{1}{10}(155^2 \times 4 + 164^2 \times 3 + 173^2 \times 3) = 26657.5,$$

$$s_x^2 = \overline{x^2} - \bar{x}^2 = 55.89, \quad s_x = \sqrt{s_x^2} = 7.475961,$$

$$\bar{y} = \frac{1}{10}(48 \times 3 + 57 \times 2 + 66 \times 5) = 58.8,$$

$$\overline{y^2} = \frac{1}{10}(48^2 \times 3 + 57^2 \times 2 + 66^2 \times 5) = 3519,$$

$$s_y^2 = \overline{y^2} - \bar{y}^2 = 61.56, \quad s_y = \sqrt{s_y^2} = 7.846018,$$

$$\overline{x \cdot y} = \frac{1}{10}(155 \times 48 \times 3 + 155 \times 57 \times 1$$
$$+ 164 \times 57 \times 1 + 164 \times 66 \times 2 + 173 \times 66 \times 3) = 9640.5,$$

$$s_{xy} = \overline{x \cdot y} - \bar{x} \cdot \bar{y} = 50.22, \quad r_{xy} = \frac{s_{xy}}{s_x s_y} = 0.856171.$$

問題 1.10 D 大生の (身長 (cm), 体重 (kg)) (= (x, y)) を調べて，次の度数分布表を得ました．標本相関係数を求めなさい．

x \ y		43.5 ~ 54.5	54.5 ~ 65.5	65.5 ~ 76.5	合計
		49	60	71	
153.5 ~ 164.5	159	4	0	0	4
164.5 ~ 175.5	170	0	3	1	4
175.5 ~ 186.5	181	0	0	2	2
合計		4	3	3	10

第 2 章
確率の基本概念

この章からは推測統計学の説明に入ります．推測統計学とは標語的にいいますと

- **推測統計学**：母集団から抽出された標本から，母集団全体の性質を推測する方法

です．推測統計学は確率論を基盤にして発展してきました．そこで，この章では確率論の基本概念について説明します．まずは確率の定義を述べるために必要な専門用語を紹介します．

2.1 標本空間と事象

- **試行**：同一条件の下での繰返しが可能で，その結果が偶然に支配されるとみなせるような実験や観測．
- **標本空間**：試行で得られる結果すべての集まり (Ω など)．
- **標本点**：標本空間に属する要素 (ω など)．
- **事象**：標本空間の部分集合 ($A, B, C, \ldots, \{\omega_1, \omega_2, \ldots\}$ など)．特に，
  - **空事象**：標本点を 1 つも含まない事象 ($= \emptyset$).
  - **全事象**：すべての標本点からなる事象 ($= \Omega$).
  - **根元事象**：1 つの標本点からなる事象 ($= \{\omega\}$ など).

例えば，次のようにして標本点を記号化し，標本空間や事象を数学的に述べることができます．

例 2.1 (じゃんけん)

(a) 👊 =「グーを出す」, ✌️ =「チョキを出す」, 🖐️ =「パーを出す」とすると

$$\Omega = \{👊, ✌️, 🖐️\},$$

事象：$\emptyset, \{👊\}, \{✌️\}, \{🖐️\},$

$\{👊, ✌️\}, \{👊, 🖐️\}, \{✌️, 🖐️\}, \Omega.$

例えば，$\{👊, ✌️\}$ は「グーまたはチョキを出す」という事象です．しかし，画力に自信がなければこのような記号は扱いづらいです．次のような簡潔な記号を用いた方がよいでしょう．

(b) 0 =「グーを出す」, 2 =「チョキを出す」, 5 =「パーを出す」とすると

$$\Omega = \{0, 2, 5\},$$

事象：$\emptyset, \{0\}, \{2\}, \{5\}, \{0, 2\}, \{0, 5\}, \{2, 5\}, \Omega.$

問題 2.2 (コイン 2 回投げ)

同じコインを 2 回投げて表が出たか裏が出たかをチェックするときの Ω とすべての事象を述べなさい．

以下のように，記号や不等式を用いると標本点を列挙するよりも簡潔な表現ができます．

例 2.3 (サイコロ 1 回投げ)

i =「i の目が出る」 $(i = 1, 2, 3, 4, 5, 6)$ とすると

$$\Omega = \{1, 2, 3, 4, 5, 6\} = \{i \mid 1 \leqq i \leqq 6\},$$

事象：$\emptyset, \quad \Omega,$

$\{i\}, 1 \leqq i \leqq 6,$

$\{i, j\}, 1 \leqq i < j \leqq 6,$

$\{i, j, k\}, 1 \leqq i < j < k \leqq 6,$

$\{i, j, k, l\}, 1 \leqq i < j < k < l \leqq 6,$

$\{i, j, k, l, m\}, 1 \leqq i < j < k < l < m \leqq 6.$

2.2 事象の演算

複数の事象の関係や新たな事象を作る方法を紹介します．Ω を標本空間，A, B, C を事象とすると

- $A \subset B$：すべての A の点は B に含まれる．

- $A \underset{\substack{\text{かつ}\\\text{キャップ}}}{\cap} B$：$A$ と B の共通部分 (積事象)．

  $A \cap B = \emptyset$ のとき A と B は排反であるといいます．

- $A \underset{\substack{\text{または}\\\text{カップ}}}{\cup} B$：$A$ と B の合併 (和事象)．

- A^c：A の補集合 (余事象)．

- (分配法則) $A \cap (B \cup C) = (A \cap B) \cup (A \cap C), \quad A \cup (B \cap C) = (A \cup B) \cap (A \cup C)$.

  $\boxed{A \cap} \Big(\ B \cup C \ \Big) = \Big(\boxed{A \cap} B \Big) \cup \Big(\boxed{A \cap} C \Big)$

  $\boxed{A \cup} \Big(\ B \cap C \ \Big) = \Big(\boxed{A \cup} B \Big) \cap \Big(\boxed{A \cup} C \Big)$

- (ド・モルガンの法則) $(A \cap B)^c = A^c \cup B^c, \quad (A \cup B)^c = A^c \cap B^c$.

  $\Big(A \cap B \Big)^c = A^c \cup B^c, \quad \Big(A \cup B \Big)^c = A^c \cap B^c$

問題 2.4 例 2.3 で $A = \{$奇数の目が出る$\}$, $B = \{3$ 以下の目が出る$\}$ とするとき
$$A \cap B, \quad A \cup B, \quad A^c, \quad B^c, \quad (A \cap B)^c, \quad (A \cup B)^c$$
を標本点を列挙する記法で述べなさい.

2.3 確率の定義

ここでいよいよ確率を定義します. 私たちは事象の起こりやすさを数値で表したものを確率と呼びたいと考えています. つまり, 事象 A を入力したらその起こりやすさ $P(A)$ を出力してくれる関数 P を定めたいと考えています. まずは最も素朴な, 「確率」ときいて思い浮かぶ定義が次のものです.

ラプラスの定義

標本空間 Ω を構成しているすべての標本点の起こりやすさが同様に確からしいとき,

$$\text{事象 } A \text{ の確率 } P(A) = \frac{n(A)}{n(\Omega)} \quad (n(E) = \text{「}E \text{ に含まれる標本点の個数」}).$$

例 2.5 例 2.3 ですべての目の出方が同様に確からしいときは次のように確率を計算できます. このようなサイコロを「公平なサイコロ」ということにします.

$$P(\{\text{奇数の目が出る}\}) = P(\{1,3,5\}) = \frac{n(\{1,3,5\})}{n(\Omega)} = \frac{3}{6} = \frac{1}{2},$$

$$P(\{\text{奇数かつ 3 以下の目が出る}\}) = P(\{1,3\}) = \frac{n(\{1,3\})}{n(\Omega)} = \frac{2}{6} = \frac{1}{3},$$

$$P(\{\text{奇数かつ偶数の目が出る}\}) = P(\{\ \}) = P(\emptyset) = \frac{n(\emptyset)}{n(\Omega)} = \frac{0}{6} = 0.$$

問題 2.6 例 2.3 のサイコロを 2 回投げて 1 回目と 2 回目の和が 6 になる場合と 7 になる場合の目の組合せは以下の通りです.

和が 6:「1 と 5」,「2 と 4」,「3 と 3」, 和が 7:「1 と 6」,「2 と 5」,「3 と 4」.

すべての目の組の出やすさが同様に確からしいとき, $P(\{\text{和が }6\}) = P(\{\text{和が }7\})$ といえますか?

ところが，梅雨時の晴れ，雨，曇り，など，標本点の起こりやすさが同様に確からしいといえないときの確率はラプラスの定義では計算できません．そこで次のような定義があります．

頻度による定義

n 回の試行で事象 A が r 回起こったとき，事象 A の起こる確率は
$$P(A) = \lim_{n\to\infty} \frac{r}{n} \quad : n \to \infty \text{ のときの比率} \frac{r}{n} \text{の極限値．}$$

例 2.7 あるコインを一万回投げたら

$$\text{表：4800 回，} \quad \text{裏：5200 回}$$

となったとします．頻度による定義では
$$P(\{\text{表が出る}\}) = \frac{4800}{10000} = 0.48$$
と定めます．

ところが，頻度による定義にある $\lim_{n\to\infty}$ を計算し終えることは現実には不可能です．そこで現代数学では，上のように標本空間と事象によって確率を定義するのではなく，自分の思い通りに事象に数値を与えて，それが次の (P1) から (P3) をみたしていれば確率と呼ぶことにしました．この最低限みたすべき 3 つの条件を確率の公理と呼びます．

コルモゴロフの定義 (確率の公理)

(P1) $0 \leqq P(A) \leqq 1$, A は事象．
(P2) $P(\Omega) = 1$.
(P3) $P(A_1 \cup A_2 \cup \cdots) = P(A_1) + P(A_2) + \cdots$
 $(A_i \cap A_j = \emptyset \ (i \neq j)$ つまり $A_1, A_2, \ldots$ は互いに排反).

をみたす P を確率といいます．

例 2.8 $\Omega = \{0, 2, 5\}$, P を確率, $P(\{0\}) = \dfrac{1}{16}$, $P(\{2\}) = \dfrac{1}{16}$, $P(\{5\}) = \dfrac{7}{8}$ と定めると
$$P(\{0 \text{ または } 5\}) \stackrel{(P3)}{=} P(\{0\}) + P(\{5\}) = \frac{1}{16} + \frac{7}{8} = \frac{15}{16}.$$

2.4 確率の性質

確率の公理にあるたった 3 つの条件から以下のよく知られた性質が導かれます.

定理 2.9
(1) (空事象の確率) $P(\emptyset) = 0$.
(2) (余事象の確率) 事象 A に対して $P(A^c) = 1 - P(A)$.
(3) (2 事象の包含排除の原理) 事象 A, B に対して
$$P(A \cup B) = [P(A) + P(B)] - P(A \cap B).$$
(4) (3 事象の包含排除の原理) 事象 A, B, C に対して
$$\begin{aligned}P(A \cup B \cup C) &= [P(A) + P(B) + P(C)] \\ &\quad - [P(A \cap B) + P(B \cap C) + P(C \cap A)] \\ &\quad + P(A \cap B \cap C).\end{aligned}$$

証明. (1) $P(\emptyset) = P(\emptyset \cup \emptyset) \stackrel{(P3)}{=} P(\emptyset) + P(\emptyset) \iff P(\emptyset) = 0$.
(2) $1 = P(\Omega) = P(A \cup A^c) \stackrel{(P3)}{=} P(A) + P(A^c) \iff P(A^c) = 1 - P(A)$.
(3) $P(B) = P([A \cap B] \cup [A^c \cap B]) \stackrel{(P3)}{=} P(A \cap B) + P(A^c \cap B)$ より

$$\begin{aligned}P(A \cup B) &= P(A \cup [A^c \cap B]) \\ &\stackrel{(P3)}{=} P(A) + P(A^c \cap B) \\ &= P(A) + P(B) - P(A \cap B).\end{aligned}$$

(4) $A \cup B \cup C$ を $A \cup B$ と C の和事象, $A \cup B$ を A と B の和事象, $[A \cup B] \cap C$ を分配法則より $C \cap A$ と $C \cap B$ の和事象とみて, (3) を利用すると

$$\begin{aligned}P(A \cup B \cup C) &= P([A \cup B] \cup C) \stackrel{(3)}{=} P(A \cup B) + P(C) - P([A \cup B] \cap C) \\ &\stackrel{(3),\ 分配法則}{=} P(A) + P(B) - P(A \cap B) + P(C) - P([C \cap A] \cup [B \cap C]) \\ &\stackrel{(3)}{=} [P(A) + P(B) + P(C)] \\ &\quad - [P(A \cap B) + P(B \cap C) + P(C \cap A)] \\ &\quad + P(A \cap B \cap C).\end{aligned}$$

□

確率の性質の覚え方

(余事象の確率) A 以外が起こる確率は全体の確率 1 から A が起こる確率を除く．

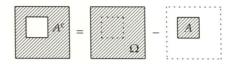

(2 事象の包含排除の原理) A か B が起こる確率は A, B が起こる確率をそれぞれ加え，二重に加えた A も B も起こる確率を除く．

(3 事象の包含排除の原理) A か B か C が起こる確率は A, B, C が起こる確率をそれぞれ加え，二重に加えた「A も B も」，「B も C も」，「C も A も」起こる確率をそれぞれ除き，三重に除いた「A も B も C も」起こる確率を加える．

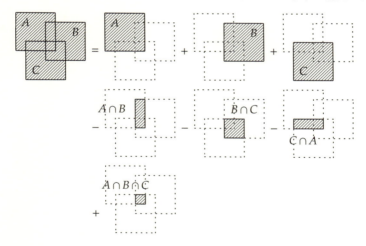

問題 2.10 グーを $\dfrac{6}{7}$ の確率で出す人がチョキまたはパーを出す確率を求めなさい．

問題 2.11 A, B を事象，$P(A) = \dfrac{2}{5}$, $P(B) = \dfrac{4}{5}$, $P(A \cap B) = \dfrac{1}{5}$ とするとき $P(A^c \cap B^c)$ を求めなさい．

2.5 条件付確率

以上で説明した確率は全事象 Ω の中の事象 A の割合と考えられます．ここでは事象 B の中の事象 A の割合について考えます．それを条件付確率といいます．数式では，事象 B が起こるという条件の下で事象 A が起こる確率を $P(A\,|\,B)$ と表し，

$$P(A\,|\,B) = \frac{P(A \cap B)}{P(B)} : 事象 B の下での事象 A の条件付確率$$

と計算します．

問題 **2.12** N さんがじゃんけんを 2 回します．N さんの 2 回の手の出し方が同様に確からしいとき，N さんが 1 回目にパーを出す下での 2 回目にパーを出す条件付確率を求めなさい．

問題 **2.13** 1 番から 4 番までの番号がついた 4 名の人がいます．この 4 人の前には (手で触るだけでは区別のつかない) 1 枚の当たり券と 3 枚の外れ券が入っている箱があります．この箱から (箱の中を見ずに) 非復元抽出 (1 度とった券は元に戻さない) で 1 番から順に 1 枚ずつ券をとり出します．$A_j = \left\{ j \text{番が当たり券をとる} \right\}$ $(j = 1, 2, 3, 4)$ とおいたとき $P(A_j)$ $(j = 1, 2, 3, 4)$ を求めなさい．

2.6 独立

「明日晴れる」,「今晩てるてる坊主をつるす」という 2 つの事象に対し,「今晩てるてる坊主をつるす」という条件の下での「明日晴れる」確率と単に「明日晴れる」確率が同じ,というように他方の条件を付けても付けなくても確率が変わらないとき,専門用語で,2 つの事象は独立であるといいます. 数式では

$$P(A \mid B) = P(A)$$

が成立するとき,事象 A と B は独立であるといいます. この式は $P(B \mid A) = P(B)$ と同じです.

$$☀ \text{ と } 👻 \text{ は独立} \iff P\left(☀ \mid 👻\right) = P\left(☀\right)$$

独立の定義には次のような思い出しやすいいいかえがあります.

> **定理 2.14** 事象 A と B が独立であるための必要十分条件は
> $$P(A \cap B) = P(A) \times P(B) \quad :\text{積事象の確率 = 確率の積}$$
> である.

証明. 事象 A と B は独立である $\overset{\text{独立}}{\underset{\text{の定義}}{\iff}}$ $P(A \mid B) = P(A)$

$\overset{\text{条件付確率}}{\underset{\text{の定義}}{\iff}}$ $\dfrac{P(A \cap B)}{P(B)} = P(A)$

$\iff$ $P(A \cap B) = P(A) \times P(B)$. □

それでは実際に確率を計算して 2 つの事象が独立かどうか判定してみましょう.

問題 2.15 問題 2.12 と同じ設定で,$A_1 = \{2\text{ 回ともパー}\}$,$A_2 = \{2\text{ 回とも同じ手}\}$,$B = \{1\text{ 回目にパー}\}$ とするとき,

(1) A_1 と B は独立であるといえますか?

(2) A_2 と B は独立であるといえますか?

2.7 ベイズの定理

条件付確率に関して次の有名な定理があります.

> **定理 2.16** (ベイズの定理) ある試行の標本空間を Ω, 事象 B_1, B_2 を Ω の分割とする. このとき, 事象 A について
> $$P(B_1 \mid A) = \frac{P(A \mid B_1)P(B_1)}{P(A \mid B_1)P(B_1) + P(A \mid B_2)P(B_2)}$$
> が成り立つ. ここで B_1, B_2 が Ω の分割であるとは $\Omega = B_1 \cup B_2$ で B_1, B_2 が互いに排反であることをいう.

証明. 条件付確率の定義を変形した $P(A \cap B) = P(A \mid B)P(B)$ (乗法公式という) より

$$
\begin{aligned}
P(B_1 \mid A) &\stackrel{\substack{\text{条件付確率}\\\text{の定義}}}{=} \frac{P(B_1 \cap A)}{P(A)} \\
&\stackrel{\substack{A=(A\cap B_1)\cup(A\cap B_2)\\\text{:互いに素な合併}}}{=} \frac{P(A \cap B_1)}{P(A \cap B_1) + P(A \cap B_2)} \\
&\stackrel{\text{乗法公式}}{=} \frac{P(A \mid B_1)P(B_1)}{P(A \mid B_1)P(B_1) + P(A \mid B_2)P(B_2)}.
\end{aligned}
$$ □

解釈: 左辺を事後確率, 右辺に現れる確率達を事前確率といい, 事後確率を事前確率で計算する (左辺を右辺で計算する) 定理と解釈できます.

A : ある試行を行って出た結果,

B_1, B_2 : 考えられる原因,

$P(B_1 \mid A)$: 結果 A の原因が B_1 である確率 (事後確率),

$P(B_i)$: B_i の確率 (事前確率),

$P(A \mid B_i)$: B_i が原因で A が起こる確率 (事前確率).

例えば, 次の問題 2.17 ではこの定理を用いて, ある成人が X 病検査薬を飲み, 陽性反応が出た後で本当に X 病にかかっているかどうかの確率を, 厚生労働省の統計から事前にわかる一般成人の X 病にかかる率や検査薬の説明書を読めば事前にわかる正しく陽性反応を示す率, 誤って陽性反応を示す率で計算します.

説明：コルモゴロフの確率の定義によれば，確率 $P(A)$ を一辺 1 の正方形 Ω の中の A の面積と捉えても計算上何の問題もありません．この捉え方を利用して，ベイズの定理を視覚的に説明します．まず

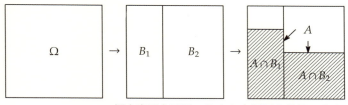

標本空間を原因で分ける　各原因を結果で分ける

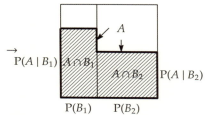

横線に原因の確率，縦線に各原因の下での結果の確率を書く

と標本空間を分け，数値を記入します．あとは 長方形の面積 = 縦 × 横 を用いて面積を計算します．

$$P(B_1 \mid A) = \frac{A \cap B_1}{A} = \frac{A \cap B_1}{A \cap B_1 + A \cap B_2}$$

$$= \frac{P(A \mid B_1)P(B_1)}{P(A \mid B_1)P(B_1) + P(A \mid B_2)P(B_2)}.$$

問題 2.17 成人が X 病にかかる率は 1％ です．X 病の発見に有効と見られる検査薬が開発されました．X 病にかかっている成人の 90％ はこの検査薬に陽性反応を示し，X 病にかかっていない成人の 0.5％ も陽性反応を示します．無作為に選ばれたある成人がこの検査薬に陽性反応を示したとき，この人が本当に X 病にかかっている確率を求めなさい．

分割の個数が 2 つの場合から類推して，3 つの場合を計算してみましょう．

問題 2.18 部屋の中に 3 つの箱 B_1, B_2, B_3 があり，各箱には

$$B_1 : 赤玉\,(R)\,3\,個,\quad 白玉\,(W)\,2\,個,$$
$$B_2 : 赤玉\,(R)\,2\,個,\quad 白玉\,(W)\,2\,個,$$
$$B_3 : 赤玉\,(R)\,1\,個,\quad 白玉\,(W)\,2\,個$$

入っています．サルがこの部屋に入り，この 3 つの箱のうち 1 つから玉 1 つをとり出したところ，赤玉でした．この赤玉が B_1 からとり出されたものである確率を求めなさい．ただし，このサルは B_1, B_2, B_3 をそれぞれ $\dfrac{1}{2}, \dfrac{1}{3}, \dfrac{1}{6}$ の確率で選び，各箱からは同様に確からしく玉をとり出すとします．

一般には次のようになります．

定理 2.19 (ベイズの定理) ある試行の標本空間を Ω，事象 $B_1, B_2, \ldots, B_n$ を Ω の分割とする．このとき，事象 A について，$j = 1, 2, \ldots, n$ に対し

$$P(B_j \mid A) = \frac{P(A \mid B_j)P(B_j)}{P(A \mid B_1)P(B_1) + P(A \mid B_2)P(B_2) + \cdots + P(A \mid B_n)P(B_n)}$$

が成り立つ．ここで $B_1, B_2, \ldots, B_n$ が Ω の分割であるとは $\Omega = B_1 \cup B_2 \cup \cdots \cup B_n$ で $B_1, B_2, \ldots, B_n$ が互いに排反であることをいう．

説明: $j = 1$ の場合で説明します．まず今までと同様に 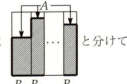 と分けて

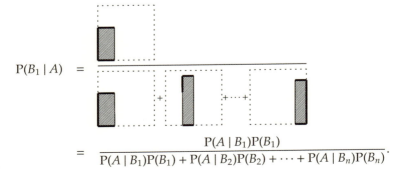

第 3 章
確率変数と確率分布

この章では，確率論の重要な概念である確率変数や確率分布について説明します．

3.1 確率変数

まずは標語的にいいますと次のようになります．

- **確率変数** (random variable, r.v.)：試行の結果に応じて色々な値をとる変数．

確率変数とは，標本点を入力するとその標本点の数値を出力する関数と考えてもよいでしょう．例えば，

(a) 確率変数を身長計 X，標本点を身長 170 cm の ω，と考えると $X(\omega) = 170$．
(b) 確率変数をじゃんけんで出した指の本数 X'，標本点をチョキを出した ω'，と考えると $X'(\omega') = 2$．

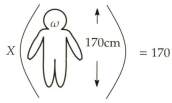

基本的な確率変数は離散型と連続型に分けられます．

- **離散型確率変数**：人数や回数などの離散的な値をとる確率変数．
- **連続型確率変数**：身長や体重などの連続的な値をとる確率変数．

確率変数に関数をほどこすことで新たな確率変数が得られます．

- **確率変数の関数**：確率変数 X, Y，関数 $f(x), g(y)$ (例えば $2x, 3y, \ldots$) に対し $f(X) + g(Y)$ は確率変数 (例えば $2X + 3Y$, $2X + 3$, X^2, $\sqrt{X^2 + Y^2}, \ldots$ は確率変数)．

例えば，お店 A での 1 回の買い物で通常もらえるポイントを確率変数 X とします．今週はスペシャルウィークで，ポイントが 2 倍もらえるとしますと今週 1 回の買い物でもらえるポイントを表す確率変数は $2X$ です．さらに今日はスペシャルデーで，入店した人全員に 500 ポイントもらえるとしますと今日 1 回の買い物でもらえるポイントを表す確率変数は $2X + 500$ です．さらに今日別のお店 B でのもらえるポイントを確率変数 Y としますと今日お店 A, B で各 1 回買い物をしてもらえる合計ポイントを表す確率変数は $2X + 500 + Y$ です．

3.2 確率分布

確率変数のとりうる値とその値になる確率の対応を確率分布といいます．離散型と連続型に分けて説明します．

- **離散型確率分布 (離散分布)：**

  離散型確率変数の確率分布はちょうどその値になる確率を指定することで定まります．この指定する確率を，後述する連続型の場合と同様にして密度関数ということもあります．

$$X : 離散型確率変数，\quad とりうる値 : x_1, \ldots, x_n,$$
$$P(\{X = x_i\}) = P(X = x_i) = p_i, \quad i = 1, \ldots, n,$$
$$すべての\ i\ (i = 1, \ldots, n)\ に対し\ p_i \geq 0,$$
$$\sum_{i=1}^{n} p_i = 1 \quad : 全事象 \{X = x_1, \ldots, x_n\} の確率は 1$$

と表されるとき，$x_1, \ldots, x_n$ と $p_1, \ldots p_n$ の対応を X の確率分布といいます．次のように表記することが多いです．

x	x_1	x_2	$\cdots$	x_n	計
$P(X = x)$	p_1	p_2	$\cdots$	p_n	1

例えば次のようなものです．

例 3.1 グー，チョキ，パーを同様に確からしく出す人がじゃんけんを 2 回行って，出した手の指の本数の和を X とすると X の確率分布は次の通り．

x	0	2	4	5	7	10	計
$P(X = x)$	$\frac{1}{9}$	$\frac{2}{9}$	$\frac{1}{9}$	$\frac{2}{9}$	$\frac{2}{9}$	$\frac{1}{9}$	1

● **連続型確率分布 (連続分布)：**

連続型確率変数の確率分布はちょうどその値になる確率を指定するのでは不十分で，ある区間内のどれかの値になる確率を指定することで定まります．

X：連続型確率変数，　とりうる値：$-\infty < x < \infty$，

$$P(\{a \leqq X \leqq b\}) = P(a \leqq X \leqq b) = \int_a^b p(x)dx, \quad -\infty \leqq a \leqq b \leqq \infty,$$

すべての $x(-\infty < x < \infty)$ に対して $p(x) \geqq 0$，

$$\int_{-\infty}^{\infty} p(x)dx = 1 : 全事象 \{-\infty < X < \infty\} の確率は 1$$

と表されるとき $p(x)$ を X の (確率) 密度関数といい，a, b と $\int_a^b p(x)\,dx$ の対応を X の確率分布といいます．密度関数が存在し，x 軸と囲む部分の面積で確率を計算できる確率変数を連続型確率変数というのだ，と考えることもできます．

X：連続型確率変数に対して  となる $p(x)$ が必ずある．

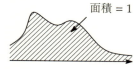

このように考えると，ちょうど a やちょうど b になる確率 $P(X = a)$ や $P(X = b)$ は 0 となりますので $P(a \leqq X \leqq b) = P(a < X \leqq b) = P(a \leqq X < b) = P(a < X < b)$ となります．

それでは，密度関数の性質 (0 以上, x 軸と囲む面積が確率, 全範囲の面積が 1) を問題を解きながら確認してみましょう．

問題 3.2 連続型確率変数 X の密度関数が次で与えられるとき

$$p(x) = \begin{cases} c(x-1)(2-x) & (1 \leqq x \leqq 2), \\ 0 & (その他) \end{cases}$$

(1) c の値を求めなさい． (2) $\mathrm{P}\left(\dfrac{1}{2} \leqq X \leqq \dfrac{3}{2}\right)$ を求めなさい．

- **同分布：**

  確率変数 X と Y の分布が等しいとき，つまり

  $$\mathrm{P}(a \leqq X \leqq b) = \mathrm{P}(a \leqq Y \leqq b) \quad (すべての\ a, b\ について)$$

が成り立つとき X と Y は同分布を持つといい，$X \sim Y$ と書きます．特に，離散型では確率分布の表が等しいとき，連続型では密度関数が等しいときのことをいいます．

- **確率変数の独立性：**

  事象の独立性のいいかえ (「積事象の確率 = 確率の積」) をもとにして確率変数の独立性を定義します．まず，確率変数 X と Y が独立であるとは

  $$\mathrm{P}(a \leqq X \leqq b\ かつ\ c \leqq Y \leqq d) = \mathrm{P}(a \leqq X \leqq b) \times \mathrm{P}(c \leqq Y \leqq d)$$
  (すべての a, b, c, d について)．

特に X, Y が離散型のときは，
  $$\mathrm{P}(X = x\ かつ\ Y = y) = \mathrm{P}(X = x) \times \mathrm{P}(Y = y) \quad (すべての\ x, y\ について)．$$
さらに，確率変数 $X_1, X_2, \ldots, X_n$ が独立であるとは

  $$\mathrm{P}(a_1 \leqq X_1 \leqq b_1\ かつ\ a_2 \leqq X_2 \leqq b_2\ かつ \cdots かつ\ a_n \leqq X_n \leqq b_n)$$
  $$= \mathrm{P}(a_1 \leqq X_1 \leqq b_1) \times \mathrm{P}(a_2 \leqq X_2 \leqq b_2) \times \cdots \times \mathrm{P}(a_n \leqq X_n \leqq b_n)$$
  (すべての $a_1, b_1, a_2, b_2, \ldots, a_n, b_n$ について)．

特に $X_1, X_2, \ldots, X_n$ が離散型のときは，
  $\mathrm{P}(X_1 = x_1 かつ\ X_2 = x_2 かつ \cdots かつ\ X_n = x_n)$
  $= \mathrm{P}(X_1 = x_1) \times \mathrm{P}(X_2 = x_2) \times \cdots \times \mathrm{P}(X_n = x_n)$ (すべての $x_1, x_2, \ldots, x_n$ について)．

3.3 確率変数の期待値

● **確率変数の期待値** (平均, expectation):

度数分布表からの標本平均の求め方 (階級値 × 比率の和) と同様にして離散型確率変数の期待値 (平均) を定めます．そして確率 p_i を密度関数 $p(x)$，和 $\sum$ を積分 $\int$ に変えて連続型確率変数の期待値を定めます．つまり，確率変数 X に対し

$$X \text{ の期待値 } E[X] = \begin{cases} \sum_{i=1}^{n} x_i p_i & \text{(離散型)：とりうる値 × 確率の和,} \\ \int_{-\infty}^{\infty} x p(x)\, dx & \text{(連続型)：とりうる値 × 密度関数の積分} \end{cases}$$

と定めます．離散型確率変数に対しては次のように計算します．

例 3.3 グー，チョキ，パーを同様に確からしく出す人が 1 回じゃんけんをして出した指の本数を X とすると

x	0	2	5	計
$P(X = x)$	$\frac{1}{3}$	$\frac{1}{3}$	$\frac{1}{3}$	1

より $E[X] = 0 \times \dfrac{1}{3} + 2 \times \dfrac{1}{3} + 5 \times \dfrac{1}{3} = \dfrac{7}{3} = 2.33\ldots$

連続型確率変数に対しては次のように計算します．

例 3.4 連続型確率変数 X の密度関数 $p(x)$ が次で与えられるとき

$$p(x) = \begin{cases} 6(x-1)(2-x) & (1 \leqq x \leqq 2), \\ 0 & (\text{その他}), \end{cases}$$

$$\begin{aligned} E[X] &= \int_{-\infty}^{\infty} x p(x)\, dx = \int_{1}^{2} x \cdot 6(x-1)(2-x)\, dx \\ &\stackrel{[y=x-1]}{=} 6 \int_{0}^{1} \underbrace{(y+1)y(1-y)}_{(=y-y^3)}\, dy = 6 \left[\frac{1}{2} y^2 - \frac{1}{4} y^4 \right]_{0}^{1} = \frac{3}{2} = 1.5. \end{aligned}$$

● **確率変数の関数の期待値：**

確率変数 X の関数 $f(X)$（例えば $2X+3, X^2, \ldots$ など）の期待値は，確率変数 X，定義域，値域ともに実数全体の関数 f に対し

$$f(X) \text{ の期待値 } \mathrm{E}[f(X)] = \begin{cases} \displaystyle\sum_{i=1}^{n} f(x_i) p_i & \text{(離散型)}, \\ \displaystyle\int_{-\infty}^{\infty} f(x) p(x) \, dx & \text{(連続型)} \end{cases}$$

と定めます．p_i や $p(x)$ は大元の X のままで，とりうる値だけが x_i や x から $f(x_i)$ や $f(x)$ に変わります．

$$\sum_{i=1}^{n} \boxed{f(x_i)} \, p_i \qquad \int_a^b \boxed{f(x)} \, p(x) \, dx$$

f がついているのはここだけ

例 3.5 例 3.3 のとき，

$$\mathrm{E}[X^2] = 0 \times \frac{1}{3} + 4 \times \frac{1}{3} + 25 \times \frac{1}{3} = \frac{29}{3} = 9.66\ldots,$$

$$\mathrm{E}[(X-2.5)^2] = (-2.5)^2 \times \frac{1}{3} + (-0.5)^2 \times \frac{1}{3} + (2.5)^2 \times \frac{1}{3} = 4.25.$$

例 3.6 例 3.4 のとき，

$$\mathrm{E}[X^2] = \int_1^2 x^2 \cdot 6(x-1)(2-x) \, dx \stackrel{[y=x-1]}{=} 6\int_0^1 (y+1)^2 y(1-y) \, dy$$

$$= 6\int_0^1 (-y^4 - y^3 + y^2 + y) \, dy = 6\left[-\frac{1}{5}y^5 - \frac{1}{4}y^4 + \frac{1}{3}y^3 + \frac{1}{2}y^2\right]_0^1$$

$$= \frac{23}{10} = 2.3,$$

$$\mathrm{E}[(X-1)^3] = \int_1^2 (x-1)^3 \cdot 6(x-1)(2-x) \, dx \stackrel{[y=x-1]}{=} 6\int_0^1 y^4(1-y) \, dy$$

$$= 6\int_0^1 (-y^5 + y^4) \, dy = 6\left[-\frac{1}{6}y^6 + \frac{1}{5}y^5\right]_0^1 = \frac{1}{5} = 0.2.$$

期待値に関する性質

> **定理 3.7** 確率変数 X, Y,実数 a, b に対し
> (1) (期待値の線形性) $E[aX + bY] = aE[X] + bE[Y]$. 特に,
>
> $$E[aX] = aE[X] \quad :定数倍の期待値は期待値の定数倍,$$
> $$E[b] = b \quad :定数の期待値は定数そのもの,$$
> $$E[X + Y] = E[X] + E[Y] \quad :和の期待値は期待値の和,期待値の加法性,$$
> $$E[X - Y] = E[X] - E[Y] \quad :差の期待値は期待値の差.$$
>
> (2) (独立なら積の期待値は期待値の積)
> $$X, Y は独立 \Longrightarrow E[X \times Y] = E[X] \times E[Y].$$

例えば,確率変数のときにお話しした,もらえるポイントでは,お店 A での通常の期待値は $E[X]$,スペシャルウィークの期待値は通常の 2 倍 $2E[X]$,スペシャルデーの期待値は通常の 2 倍プラス増量分 $2E[X] + 500$,さらにお店 B に行くと期待値は 2 店舗分 $2E[X] + 500 + E[Y]$ です.また,お店 A, B でのポイントが独立ならば 2 店舗の通常ポイントの積の期待値は各店舗の期待値の積 $E[X]E[Y]$ です.

証明. X, Y は離散型で,次の表で確率分布が与えられる場合のみ証明する.

x	x_1	$\cdots$	x_n	計
$P(X = x)$	p_1	$\cdots$	p_n	1

y	y_1	$\cdots$	y_m	計
$P(Y = y)$	q_1	$\cdots$	q_m	1

(1) $\sum_{j=1}^{m} P(X = x_i, Y = y_j) = P(X = x_i)$, $\sum_{i=1}^{n} P(X = x_i, Y = y_j) = P(Y = y_j)$ より

$$E[aX + bY] = \sum_{\substack{i=1,\ldots,n,\\ j=1,\ldots,m}} (ax_i + by_j) P(X = x_i, Y = y_j)$$

$$= \sum_{i=1}^{n} ax_i \sum_{j=1}^{m} P(X = x_i, Y = y_j) + \sum_{j=1}^{m} by_j \sum_{i=1}^{n} P(X = x_i, Y = y_j)$$

$$= a \sum_{i=1}^{n} x_i p_i + b \sum_{j=1}^{m} y_j q_j = aE[X] + bE[Y].$$

(2) X, Y は独立であるとすると $P(X = x_i, Y = y_j) = P(X = x_i)P(Y = y_j)$ より

$$E[XY] = \sum_{\substack{i=1,\ldots,n,\\ j=1,\ldots,m}} x_i y_j P(X = x_i, Y = y_j) = \sum_{i=1}^{n} x_i p_i \sum_{j=1}^{m} y_j q_j = E[X]E[Y]. \quad \square$$

問題 3.8 離散型確率変数 X, Y の分布が以下のとき

x	1000	0	計
$P(X=x)$	$\frac{1}{100}$	$\frac{99}{100}$	1

y	50	0	計
$P(Y=y)$	$\frac{30}{100}$	$\frac{70}{100}$	1

$E[2X+10], E[2X+3Y]$ を求めなさい．また，X,Y が独立のとき $E[XY]$ を求めなさい．

3.4 確率変数の分散

度数分布表からの標本分散の求め方 (階級値と標本平均との差の二乗の平均) と同様にして確率変数の分散 (variance) を定めます．これは確率変数の関数の期待値の特別なものとして計算することができます．つまり，確率変数 X, $\mu = E[X]$ に対し次のように定めます．

$$\begin{aligned}
X \text{ の分散 } V[X] &= E\left[(X-E[X])^2\right] = E\left[(X-\mu)^2\right] \quad :\text{定義} \\
&= \begin{cases} \sum_{i=1}^{n}(x_i-\mu)^2 p_i & (\text{離散型}), \\ \int_{-\infty}^{\infty}(x-\mu)^2 p(x)dx & (\text{連続型}) \end{cases} \\
&\stackrel{(*)}{=} E[X^2] - E[X]^2 = E[X^2] - \mu^2 \quad :\text{計算しやすい} \\
&= \begin{cases} \sum_{i=1}^{n} x_i^2 p_i - \left(\sum_{i=1}^{n} x_i p_i\right)^2 & (\text{離散型}), \\ \int_{-\infty}^{\infty} x^2 p(x)dx - \left[\int_{-\infty}^{\infty} x p(x)dx\right]^2 & (\text{連続型}). \end{cases}
\end{aligned}$$

ここで，$(*)$ は次のように変形しました．

$$\begin{aligned}
E[(X-\mu)^2] &= E[X^2 - 2\mu X + \mu^2] = E[X^2] - 2\mu E[X] + \mu^2 \\
&= E[X^2] - 2\mu^2 + \mu^2 = E[X^2] - \mu^2.
\end{aligned}$$

例 3.9

(a) 例 3.3, 例 3.5 のとき，$V[X] = E[X^2] - E[X]^2 = \frac{29}{3} - \left(\frac{7}{3}\right)^2 = \frac{38}{9} = 4.22\ldots$

(b) 例 3.4, 例 3.6 のとき，$V[X] = E[X^2] - E[X]^2 = \frac{23}{10} - \left(\frac{3}{2}\right)^2 = \frac{1}{20} = 0.05$.

分散に関する性質

定理 3.10 確率変数 X, Y, 実数 a, b に対し

(1) $V[aX \pm b] = a^2 V[X]$. 特に,

$$V[aX] = a^2 V[X] \quad :\text{定数倍の分散は分散の定数二乗倍},$$
$$V[b] = 0 \quad :\text{定数の分散は } 0,$$
$$V[X \pm b] = V[X] \quad :\text{定数の増 (減) 量分は無視される}.$$

(2) X, Y は独立 $\Longrightarrow V[aX \pm bY] = a^2 V[X] + b^2 V[Y]$. 特に,

X, Y は独立 $\Longrightarrow V[X \pm Y] = V[X] + V[Y]$: 独立なら和 (差) の分散は分散の和, 分散の加法性.

証明. (1) 期待値の線形性より

$$\begin{aligned}
V[aX \pm b] &= E[(aX \pm b - E[aX \pm b])^2] \\
&= E[(aX \pm b - aE[X] \mp b)^2] \\
&= E[a^2(X - E[X])^2] \\
&= a^2 E[(X - E[X])^2] = a^2 V[X].
\end{aligned}$$

(2) X, Y は独立であるとする. $\mu_X = E[X], \mu_Y = E[Y]$ とおくと,

$$\begin{aligned}
E[(X - \mu_X)(Y - \mu_Y)] &= E[XY - X\mu_Y - \mu_X Y + \mu_X \mu_Y] \\
&= E[XY] - E[X]\mu_Y - \mu_X E[Y] + \mu_X \mu_Y \\
&= E[X]E[Y] - E[X]\mu_Y - \mu_X E[Y] + \mu_X \mu_Y \\
&= \mu_X \mu_Y - \mu_X \mu_Y - \mu_X \mu_Y + \mu_X \mu_Y = 0
\end{aligned}$$

より, 期待値の線形性から

$$\begin{aligned}
V[aX \pm bY] &= E[(aX \pm bY - E[aX \pm bY])^2] \\
&= E[\{a(X - \mu_X) \pm b(Y - \mu_Y)\}^2] \\
&= E[a^2(X - \mu_X)^2 \pm 2ab(X - \mu_X)(Y - \mu_Y) + b^2(Y - \mu_Y)^2] \\
&= a^2 E[(X - \mu_X)^2] \pm 2ab E[(X - \mu_X)(Y - \mu_Y)] + b^2 E[(Y - \mu_Y)^2] \\
&= a^2 E[(X - \mu_X)^2] + b^2 E[(Y - \mu_Y)^2] = a^2 V[X] + b^2 V[Y]. \quad \square
\end{aligned}$$

- **確率変数の標準偏差 (standard deviation)：**

確率変数の標準偏差も分散のルートと定めます．つまり，確率変数 X，$\mu = E[X]$，$\sigma^2 = V[X]$ に対し

$$X \text{ の標準偏差 } \sigma_X = \sigma = \sqrt{V[X]} = \sqrt{E[X^2] - E[X]^2}$$
$$= \sqrt{E[X^2] - \mu^2}$$

と定めます．

- **標準化 (standardization)：**

確率変数に特別な一次変換をほどこし，平均が 0，分散が 1 になるようにすることを標準化といいます．つまり，確率変数 X，$\mu = E[X]$，$\sigma = \sigma_X = \sqrt{V[X]}(> 0)$ に対し

$$\frac{X - \mu}{\sigma} : \text{期待値 (平均) を引いて標準偏差 (分散のルート) で割る}$$

を X の標準化 といいます．実際，

$$E\left[\frac{X - \mu}{\sigma}\right] = \frac{E[X - \mu]}{\sigma} = \frac{E[X] - \mu}{\sigma} = 0 \quad : \text{標準化の平均は 0,}$$

$$V\left[\frac{X - \mu}{\sigma}\right] = \frac{V[X - \mu]}{\sigma^2} = \frac{V[X]}{\sigma^2} = 1 \quad : \text{標準化の分散は 1.}$$

問題 3.11 箱の中に (手で触るだけでは区別のつかない) 4 個の赤玉と 3 個の青玉があります．この箱から (箱の中を見ずに) 非復元抽出で青玉が出るまで玉のとり出しを続けます．X を青玉が出るまでの玉のとり出し回数とするとき (1 回目赤 2 回目青なら $X = 2$)

(1) X の確率分布の表を作り，X の期待値と分散を求めなさい．

(2) $\dfrac{2X - 3}{5}$ の期待値と分散を求めなさい．

第4章
二項分布とその他の離散分布

この章では，重要な離散型確率変数の紹介をします．

4.1 二項分布

1回の試行で，ある事象の起こる確率を p とします．この試行を n 回独立に行ったときの，この事象の生起回数 X の確率分布は

$$P(X = x) = {}_nC_x p^x (1-p)^{n-x}, \quad x = 0, 1, \ldots, n$$

で与えられます．この分布をパラメータ n, p の二項分布 (Binomial distribution) といいます．$X \sim \text{Bi}(n, p)$ と書きます．

x	0	1	$\cdots$	x	$\cdots$	n	計
$P(X=x)$	$(1-p)^n$	$np(1-p)^{n-1}$	$\cdots$	${}_nC_x p^x (1-p)^{n-x}$	$\cdots$	p^n	1

ここで，${}_nC_x$ は二項係数で，n 個のものから x 個をとり出す組合せの総数です．例えば，3つのアルファベット A, B, C から2つとり出す組合せは「A, B」，「A, C」，「B, C」の3通りです．数式では，$3! = 3 \cdot 2 \cdot 1$ のように階段的に乗法を行う階乗「!」を用いて ($0! = 1$ と定めます)，

$$_nC_x = \frac{n!}{x!(n-x)!} = \frac{n(n-1)\cdots(n-x+2)(n-x+1)}{x!}$$

と定めます．先ほどの例では ${}_3C_2 = \frac{3!}{2!1!} = 3$ と計算します．次のような性質を持っています．

$$_nC_0 = {}_nC_n = 1, \quad {}_nC_k = {}_{n-1}C_{k-1} + {}_{n-1}C_k.$$

この性質は次のパスカルの三角形を描くとすぐに思い出せます．

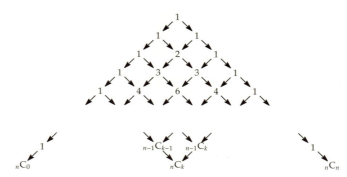

二項分布は次のような試行に現れます．

例 4.1

(1) 表が確率 p，裏が確率 $1-p$ で出るコインを 1 回投げたときの，表が出た回数を X とすると $X \sim \mathrm{Bi}(1, p)$．$\mathrm{Bi}(1, p)$ を特にベルヌーイ分布 (Bernoulli distribution) といい，$\mathrm{Be}(p)$ とも書きます．

x	0	1	計
$P(X=x)$	$1-p$	p	1

(2) 1 の目が確率 p，1 以外の目が確率 $1-p$ で出るサイコロを 2 回独立に投げたときの，1 が出た回数を X とすると $X \sim \mathrm{Bi}(2, p)$．

x	0	1	2	計
$P(X=x)$	$(1-p)^2$	$2p(1-p)$	p^2	1

(3) パーを確率 p，パー以外を確率 $1-p$ で出す人が 3 回独立にじゃんけんをしたときの，パーを出した回数を X とすると $X \sim \mathrm{Bi}(3, p)$．

x	0	1	2	3	計
$P(X=x)$	$(1-p)^3$	$3p(1-p)^2$	$3p^2(1-p)$	p^3	1

それでは二項分布の確率を計算してみましょう．

問題 4.2
公平なコインを独立に 10 回投げたときの，表が 6 回以上出る確率を求めなさい．

次に二項分布の期待値と分散を計算してみましょう.

問題 4.3 例 4.1(1)–(3) の X の期待値 $E[X]$, 分散 $V[X]$ を求めなさい.

問題 4.3 から, 二項分布の期待値と分散は一般には次のようになると類推できます.

定理 4.4 $X \sim \text{Bi}(n,p)$ のとき
$$E[X] = np, \quad V[X] = np(1-p).$$

二項分布の期待値と分散はとても重要ですので必ず覚えて下さい.

証明. 二項定理 $\left((a+b)^m = \sum_{k=0}^{m} {}_mC_k a^k b^{m-k}\right)$ より

$$
\begin{aligned}
E[X] &= \sum_{x=0}^{n} x \cdot {}_nC_x p^x (1-p)^{n-x} = \sum_{x=0}^{n} x \frac{n!}{x!(n-x)!} p^x (1-p)^{n-x} \\
&= \sum_{x=1}^{n} x \frac{n(n-1)!}{x(x-1)![(n-1)-(x-1)]!} p^x (1-p)^{n-x} \\
&= np \sum_{x=1}^{n} {}_{n-1}C_{x-1} p^{x-1} (1-p)^{(n-1)-(x-1)} \\
&\stackrel{[y=x-1]}{=} np \sum_{y=0}^{n-1} {}_{n-1}C_y p^y (1-p)^{(n-1)-y} \\
&= np[p + (1-p)]^{n-1} = np,
\end{aligned}
$$

$$
\begin{aligned}
E[X(X-1)] &= \sum_{x=0}^{n} x(x-1) \cdot {}_nC_x p^x (1-p)^{n-x} \\
&= \sum_{x=2}^{n} x(x-1) \frac{n(n-1)(n-2)!}{x(x-1)(x-2)![(n-2)-(x-2)]!} p^x (1-p)^{n-x} \\
&= n(n-1)p^2 \sum_{x=2}^{n} {}_{n-2}C_{x-2} p^{x-2} (1-p)^{(n-2)-(x-2)} \\
&\stackrel{[y=x-2]}{=} n(n-1)p^2 \sum_{y=0}^{n-2} {}_{n-2}C_y p^y (1-p)^{(n-2)-y} \\
&= n(n-1)p^2 [p + (1-p)]^{n-2} = n(n-1)p^2, \\
E[X^2] &= E[X(X-1)] + E[X] = n(n-1)p^2 + np, \\
V[X] &= E[X^2] - E[X]^2 = n(n-1)p^2 + np - n^2 p^2 = np(1-p). \quad \square
\end{aligned}
$$

4.2 ポアソン分布

離散型確率変数 X の確率分布が正数 λ に対し
$$P(X = x) = \frac{\lambda^x e^{-\lambda}}{x!}, \quad x = 0, 1, 2, \ldots$$
で与えられるとき，この分布をパラメータ λ のポアソン分布 (Poisson distribution) といいます．$X \sim \mathrm{Po}(\lambda)$ と書きます．

x	0	1	2	$\cdots$	x	$\cdots$	計
$P(X=x)$	$e^{-\lambda}$	$\lambda e^{-\lambda}$	$\frac{\lambda^2 e^{-\lambda}}{2!}$	$\cdots$	$\frac{\lambda^x e^{-\lambda}}{x!}$	$\cdots$	1

ここで，e はネイピア数といい，$e = 2.718\ldots$ です．パラメータ λ と x の位置に気を付けて覚えて下さい．

$$P\bigl(X = x\bigr) = \frac{\boxed{\lambda}^x e^{-\boxed{\lambda}}}{x!} \quad : \lambda \text{の位置}$$

$$P\bigl(X = \boxed{x}\bigr) = \frac{\lambda^{\boxed{x}} e^{-\lambda}}{\boxed{x}!} \quad : x \text{の位置}$$

また，微分積分学の知識がある人は次のように覚えてもよいでしょう．

$$P\bigl(X = x\bigr) = \boxed{\frac{\lambda^x}{x!}} \boxed{e^{-\lambda}} \quad : \begin{bmatrix} e^\lambda \text{のマクローリン展開} \\ \text{の第 } x \text{ 項目} \end{bmatrix} \times [e^\lambda \text{の逆数}]$$

ここで，e^λ のマクローリン展開とは $e^\lambda = \sum_{x=0}^{\infty} \frac{\lambda^x}{x!}$ のことです．ポアソン分布は次のような試行に現れます．

問題 4.5 ある電車での 1 日に出る急病人の数 X はパラメータ 2 のポアソン分布に従うとしたとき，急病人が 1 日にちょうど 4 人出る確率を求めなさい．

ポアソン分布の期待値と分散は同じ値になります．

> **定理 4.6** $X \sim \mathrm{Po}(\lambda)\,(\lambda > 0)$ のとき
> $$\mathrm{E}[X] = \lambda, \quad \mathrm{V}[X] = \lambda.$$

証明. マクローリン展開より

$$\mathrm{E}[X] = \sum_{x=0}^{\infty} x \frac{\lambda^x e^{-\lambda}}{x!} = \lambda e^{-\lambda} \sum_{x=1}^{\infty} \frac{\lambda^{x-1}}{(x-1)!} \stackrel{[y=x-1]}{=} \lambda e^{-\lambda} \sum_{y=0}^{\infty} \frac{\lambda^y}{y!} = \lambda,$$

$$\mathrm{E}[X(X-1)] = \sum_{x=0}^{\infty} x(x-1)\frac{\lambda^x e^{-\lambda}}{x!} = \lambda^2 e^{-\lambda} \sum_{x=2}^{\infty} \frac{\lambda^{x-2}}{(x-2)!} \stackrel{[y=x-2]}{=} \lambda^2 e^{-\lambda} \sum_{y=0}^{\infty} \frac{\lambda^y}{y!} = \lambda^2,$$

$$\mathrm{V}[X] = \mathrm{E}[X(X-1)] + \mathrm{E}[X] - \mathrm{E}[X]^2 = \lambda^2 + \lambda - \lambda^2 = \lambda. \qquad \square$$

二項分布のポアソン分布による近似

二項分布とポアソン分布には次の関係があります．この関係は6章で証明します．

$$\mathrm{Bi}(n,p) \underset{\substack{np=\lambda:一定 \\ n \to \infty}}{\sim} \mathrm{Po}(\lambda).$$

($X_n \underset{n \to \infty}{\sim} Y$ とは X_n の分布は n を大きくすると Y の分布に近づくという意味．) つまり，ポアソン分布は，同じ試行を多くの回数 n 行って生起確率 p が低い事象が何回起こったかという二項分布とみることができます．問題 4.5 のポアソン分布も，多数のお客さんが乗った電車内で，急病人が1日何人出たかという二項分布とみることができます．この関係をポアソンの小数の法則ともいいます．この関係を用いると，多数回の試行でのまれな事象の生起回数が従う二項分布の確率をポアソン分布の確率で近似できます．公式的には，$n \geq 50, np \leq 5$ のとき，パラメータ n, p の二項分布 $\mathrm{Bi}(n,p)$ をこの二項分布と同じ期待値 np を持つポアソン分布 $\mathrm{Po}(np)$ におきかえて以下の左辺を右辺で計算します．

$$\mathrm{P}(\mathrm{Bi}(n,p) = x) \fallingdotseq \mathrm{P}(\mathrm{Po}(np) = x),$$
$$\mathrm{P}(\mathrm{Bi}(n,p) \geq x) \fallingdotseq \mathrm{P}(\mathrm{Po}(np) \geq x).$$

問題 4.7 ある箱に詰められた 250 個のみかんは独立に 0.008 の確率で腐るとします．この箱に腐ったみかんが3個以上ある確率を二項分布のポアソン分布による近似を用いて求めなさい．

4.3 幾何分布

1回の試行で，ある事象の起こる確率を p とします．この試行を独立に行ったときの，この事象がはじめて起こるまでの試行回数 X の確率分布は

$$P(X = x) = (1-p)^{x-1}p, \quad x = 1, 2, 3, \ldots.$$

で与えられます．この分布をパラメータ p の幾何分布 (Geometric distribution) といいます．$X \sim \text{Ge}(p)$ と書きます．

x	1	2	3	$\cdots$	x	$\cdots$	計
$P(X=x)$	p	$(1-p)p$	$(1-p)^2 p$	$\cdots$	$(1-p)^{x-1}p$	$\cdots$	1

幾何分布は次のような試行に現れます．

問題 4.8 ある生き物の寿命 Y(歳) を，老化を考慮しないとして $X \sim \text{Ge}\left(\dfrac{1}{80}\right)$ を用いて $Y = X - 1$ と表すことにします．

(1) この生き物の寿命が 60(歳) 以上である確率 $P(Y \geq 60)$ を求めなさい．

Hint: (等比級数の和) $\displaystyle\sum_{x=k}^{\infty} r^x = \dfrac{r^k}{1-r}$ $(-1 < r < 1)$．

(2) この生き物の寿命が 60(歳) 以上であるという条件の下で，寿命が 90(歳) 以上である条件付確率 $P(Y \geq 90 \mid Y \geq 60)$ を求めなさい．

問題 4.8(2) と同様にして，$m > n$ に対し

$$P(X > m \mid X > n) = \frac{P(X > m \text{ かつ } X > n)}{P(X > n)} = \frac{P(X \geq m+1)}{P(X \geq n+1)}$$
$$= \frac{(1-p)^m}{(1-p)^n} = (1-p)^{m-n} = P(X \geq m - n + 1)$$
$$= P(X > m - n)$$

となることがわかります．この $P(X > m \mid X > n) = P(X > m - n)$ という性質を幾何分布の無記憶性といいます．つまり 20 歳以上生きるという条件の下で 50 歳以上生きる確率も，100 歳以上生きるという条件の下で 130 歳以上生きる確率も同じであるという性質です．また，この問題の X, Y の分布をそれぞれファーストサクセス分布，幾何分布ということがあります．

幾何分布の期待値と分散は次の通りです．特に期待値はパラメータの逆数です．

> **定理 4.9** $X \sim \mathrm{Ge}(p)$ $(0 < p < 1)$ のとき
> $$\mathrm{E}[X] = \frac{1}{p}, \quad \mathrm{V}[X] = \frac{1-p}{p^2}.$$

証明. $\mathrm{E}[X]$ の定義と等比級数の和の公式より

$$\begin{aligned}
\mathrm{E}[X] &= \sum_{x=1}^{\infty} xp(1-p)^{x-1} = \sum_{x=1}^{\infty} [(x-1)+1]p(1-p)^{x-1} \\
&= \sum_{x=1}^{\infty} (x-1)p(1-p)^{x-1} + \sum_{x=1}^{\infty} p(1-p)^{x-1} \\
&= (1-p) \sum_{x=2}^{\infty} (x-1)p(1-p)^{(x-1)-1} + 1 \\
&\stackrel{[y=x-1]}{=} (1-p) \sum_{y=1}^{\infty} yp(1-p)^{y-1} + 1 = (1-p)\mathrm{E}[X] + 1
\end{aligned}$$

なので $p\mathrm{E}[X] = 1$. つまり $\mathrm{E}[X] = \dfrac{1}{p}$. これと $\mathrm{E}[X(X-1)]$ の定義より

$$\begin{aligned}
\mathrm{E}[X(X-1)] &= \sum_{x=1}^{\infty} x(x-1)p(1-p)^{x-1} = (1-p) \sum_{x=2}^{\infty} x(x-1)p(1-p)^{(x-1)-1} \\
&\stackrel{[y=x-1]}{=} (1-p) \sum_{y=1}^{\infty} (y+1)yp(1-p)^{y-1} \\
&= (1-p) \sum_{y=1}^{\infty} [y(y-1) + 2y]p(1-p)^{y-1} \\
&= (1-p) \left[\sum_{y=1}^{\infty} y(y-1)p(1-p)^{y-1} + 2 \sum_{y=1}^{\infty} yp(1-p)^{y-1} \right] \\
&= (1-p) \left\{ \mathrm{E}[X(X-1)] + \frac{2}{p} \right\} = (1-p)\mathrm{E}[X(X-1)] + \frac{2(1-p)}{p}
\end{aligned}$$

なので $p\mathrm{E}[X(X-1)] = \dfrac{2(1-p)}{p}$. つまり $\mathrm{E}[X(X-1)] = \dfrac{2(1-p)}{p^2}$. ゆえに

$$\mathrm{V}[X] = \frac{2(1-p)}{p^2} + \frac{1}{p} - \frac{1}{p^2} = \frac{1-p}{p^2}. \qquad \square$$

4.4 離散一様分布

離散型確率変数 X の確率分布が自然数 N に対し

$$P(X = x) = \frac{1}{N}, \quad x = 1, 2, \ldots, N$$

で与えられるとき，この分布を $\{1, 2, \ldots, N\}$ 上の離散一様分布 (Discrete Uniform distribution) といいます．$X \sim \mathrm{DU}(1, N)$ と書きます．

x	1	2	$\cdots$	x	$\cdots$	N	計
$P(X=x)$	$\frac{1}{N}$	$\frac{1}{N}$	$\cdots$	$\frac{1}{N}$	$\cdots$	$\frac{1}{N}$	1

離散一様分布はすべての標本点の起こりやすさが同様に確からしいような試行に現れます．

問題 4.10 $X \sim \mathrm{DU}(1,6)$ のとき，つまり公平なサイコロを 1 回投げて出た目を X とするとき，$E[X], V[X]$ を求めなさい．

一般の離散一様分布の期待値と分散は次の補題を用いて求められます．

補題 4.11 自然数 N, k に対し
$$\sum_{x=1}^{N} x(x-1)\cdots(x-k+1) = \frac{(N+1)N(N-1)\cdots(N-k+1)}{k+1}.$$

証明．

$$\sum_{x=1}^{N} x(x-1)\cdots(x-k+1)$$

$$= \sum_{x=1}^{N} \frac{(x+1)x(x-1)\cdots(x-k+1) - x(x-1)\cdots(x-k+1)(x-k)}{k+1}$$

$$= \frac{1}{k+1}[\{2 \cdot 1 \cdot 0 \cdots (2-k) - 1 \cdot 0 \cdots (2-k)(1-k)\}$$
$$+ \{3 \cdot 2 \cdot 1 \cdots (3-k) - 2 \cdot 1 \cdots (3-k)(2-k)\}$$
$$+ \cdots$$
$$+ \{(N+1)N(N-1)\cdots(N-k+1) - N(N-1)\cdots(N-k+1)(N-k)\}]$$

$$= \frac{(N+1)N(N-1)\cdots(N-k+1)}{k+1}. \qquad \square$$

定理 4.12 $X \sim \mathrm{DU}(1,N)$ (N：自然数) のとき
$$\mathrm{E}[X] = \frac{N+1}{2}, \quad \mathrm{V}[X] = \frac{(N+1)(N-1)}{12}.$$

証明． 補題 4.11 を $\mathrm{E}[X]$ は $k=1$，$\mathrm{E}[X(X-1)]$ は $k=2$ として用いる．

$$\mathrm{E}[X] = \sum_{x=1}^{N} x \frac{1}{N} = \frac{1}{N} \sum_{x=1}^{N} x = \frac{1}{N} \frac{(N+1)N}{2} = \frac{N+1}{2},$$

$$\begin{aligned}
\mathrm{V}[X] &= \mathrm{E}[X(X-1)] + \mathrm{E}[X] - \mathrm{E}[X]^2 \\
&= \sum_{x=1}^{N} x(x-1)\frac{1}{N} + \frac{N+1}{2} - \left(\frac{N+1}{2}\right)^2 \\
&= \frac{1}{N} \sum_{x=1}^{N} x(x-1) - \frac{(N+1)(N-1)}{4} \\
&= \frac{1}{N} \frac{(N+1)N(N-1)}{3} - \frac{(N+1)(N-1)}{4} = \frac{(N+1)(N-1)}{12}. \quad \square
\end{aligned}$$

問題 4.13 $X \sim \mathrm{DU}(1,N)$ (N：自然数) のとき $\mathrm{E}[X^3]$ を求めなさい．

問題 4.14 $X \sim \mathrm{DU}(1,6)$ のとき $\mathrm{E}[X^4]$ を求めなさい．

問題 4.15 うるう年ではない年に生まれた 80 人のうち少なくとも二人の誕生日が一致する確率を求めなさい．ただし，80 人の誕生日を $X_1, \ldots, X_{80}$ とし，これらは独立で，1 =「1 月 1 日」, 2 =「1 月 2 日」, $\ldots$, 365 =「12 月 31 日」とおいて $\mathrm{DU}(1,365)$ に従うとします．

第5章
正規分布とその他の連続分布

　この章では，重要な連続型確率変数の紹介をします．連続型確率変数の確率は密度関数の積分，つまり囲む部分の面積で計算できたことを思い出しましょう．

5.1　一様分布

　連続型確率変数 X の (確率) 密度関数 $p(x)$ が実数 α, β $(\alpha < \beta)$ に対し

$$p(x) = \begin{cases} \dfrac{1}{\beta - \alpha} & (\alpha \leqq x \leqq \beta), \\ 0 & (その他) \end{cases}$$

で与えられるとき，X の分布を一様分布 (Uniform distribution) といいます．$X \sim \mathrm{U}(\alpha, \beta)$ と書きます．

一様分布の密度関数と確率の関係

　$y = p(x)$, x 軸, $x = a$, $y = b$ の囲む図形の面積 $= \mathrm{P}(a \leqq \mathrm{U}(\alpha, \beta) \leqq b)$.

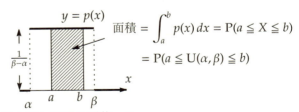

$$面積 = \int_a^b p(x)\,dx = \mathrm{P}(a \leqq X \leqq b)$$
$$= \mathrm{P}(a \leqq \mathrm{U}(\alpha, \beta) \leqq b)$$

特に $y = p(x)$ と x 軸の囲む図形の面積 $= 1$.

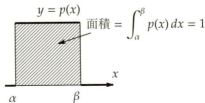

$$面積 = \int_\alpha^\beta p(x)\,dx = 1$$

一様分布は離散一様分布の連続版で，次のような試行に現れます．

問題 5.1 30cm の定規があります．この定規の目盛 X(cm) を一様分布 $U(0, 30)$ に従って選ぶとします．選んだ目盛が 10(cm) 以上 13(cm) 以下である確率を求めなさい．

一様分布の期待値と分散は次の通りです．

定理 5.2 $X \sim U(\alpha, \beta)$ $(\alpha < \beta)$ のとき
$$E[X] = \frac{\beta + \alpha}{2}, \quad V[X] = \frac{(\beta - \alpha)^2}{12}.$$

証明．
$$
\begin{aligned}
E[X] &= \int_\alpha^\beta x \frac{1}{\beta - \alpha} dx = \frac{\beta^2 - \alpha^2}{2} \cdot \frac{1}{\beta - \alpha} = \frac{\beta + \alpha}{2}, \\
V[X] &= \int_\alpha^\beta \left(x - \frac{\beta + \alpha}{2}\right)^2 \frac{1}{\beta - \alpha} dx \\
&\stackrel{[y = x - \frac{\beta+\alpha}{2}]}{=} \frac{1}{\beta - \alpha} \int_{-\frac{\beta - \alpha}{2}}^{\frac{\beta - \alpha}{2}} y^2 \, dy = \frac{1}{\beta - \alpha} \cdot 2 \cdot \frac{1}{3}\left(\frac{\beta - \alpha}{2}\right)^3 = \frac{(\beta - \alpha)^2}{12}. \quad \square
\end{aligned}
$$

離散一様分布と一様分布の関係

離散一様分布と一様分布には $\dfrac{DU(1, N)}{N} \underset{N \to \infty}{\sim} U(0, 1)$ という関係があります．例えば，

$$
\begin{aligned}
&P(0.2 \leqq U(0, 1) \leqq 0.3) = 0.1, \\
&P\left(0.2 \leqq \frac{DU(1, 10)}{10} \leqq 0.3\right) = P(2 \leqq DU(1, 10) \leqq 3) = 0.2, \\
&P\left(0.2 \leqq \frac{DU(1, 100)}{100} \leqq 0.3\right) = P(20 \leqq DU(1, 100) \leqq 30) = 0.11, \\
&P\left(0.2 \leqq \frac{DU(1, 1000)}{1000} \leqq 0.3\right) = P(200 \leqq DU(1, 1000) \leqq 300) = 0.101,
\end{aligned}
$$

となって N を大きくするほど一様分布で計算した確率 0.1 に近づいていることがわかります．この関係は 6 章で証明します．

5.2 指数分布

連続型確率変数 X の (確率) 密度関数 $p(x)$ が正数 λ に対し

$$p(x) = \begin{cases} \lambda e^{-\lambda x} & (0 \leqq x < \infty), \\ 0 & (その他) \end{cases}$$

で与えられるとき，X の分布をパラメータ λ の指数分布 (Exponential distribution) といいます．$X \sim \mathrm{Ex}(\lambda)$ と書きます．

指数分布の密度関数と確率の関係

$y = p(x)$, x 軸, $x = a$, $y = b$ の囲む図形の面積 $= \mathrm{P}(a \leqq \mathrm{Ex}(\lambda) \leqq b)$.

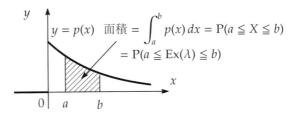

特に $y = p(x)$ と x 軸の囲む図形の面積 $= 1$.

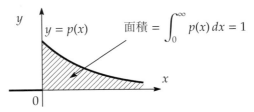

問題 5.3 ある会社の蛍光灯の寿命 X (年) はパラメータ $\dfrac{1}{30}$ の指数分布に従います．

(1) この会社の蛍光灯の寿命が 60 (年) 以上である確率を求めなさい．

(2) この会社の蛍光灯の寿命が 60 (年) 以上であるという条件の下で，寿命が 90 (年) 以上である条件付確率 $\mathrm{P}(X \geqq 90 \mid X \geqq 60)$ を求めなさい．

$t > s$ に対し $\mathrm{P}(X \geqq t \mid X \geqq s) = \mathrm{P}(X \geqq t - s)$ ($\mathrm{P}(X > t \mid X > s) = \mathrm{P}(X > t - s)$) となる性質を指数分布の無記憶性といいます．問題 5.3(2) と同様にして証明できます．

指数分布の期待値と分散は次の通りです．特に期待値はパラメータの逆数です．

定理 5.4 $X \sim \text{Ex}(\lambda)$ $(\lambda > 0)$ のとき
$$E[X] = \frac{1}{\lambda}, \quad V[X] = \frac{1}{\lambda^2}.$$

証明． 部分積分，$\int e^{Ax}dx = \frac{1}{A}e^{Ax}$, $\frac{1}{e^\infty} = 0$, $\frac{\infty}{e^\infty} = 0$, $\frac{\infty^2}{e^\infty} = 0$ より

$$E[X] = \int_0^\infty x\lambda e^{-\lambda x}dx = \left[(x)\left(-e^{-\lambda x}\right)\right]_0^\infty - \int_0^\infty (1)\left(-e^{-\lambda x}\right)dx$$

$$= 0 + \int_0^\infty e^{-\lambda x}dx = \left[-\frac{1}{\lambda}e^{-\lambda x}\right]_0^\infty = \frac{1}{\lambda},$$

$$E[X^2] = \int_0^\infty x^2\lambda e^{-\lambda x}dx = \left[(x^2)\left(-e^{-\lambda x}\right)\right]_0^\infty - \int_0^\infty (2x)\left(-e^{-\lambda x}\right)dx$$

$$= 0 + 2\int_0^\infty xe^{-\lambda x}dx = \frac{2}{\lambda}\int_0^\infty x\lambda e^{-\lambda x}dx = \frac{2}{\lambda^2},$$

$$V[X] = E[X^2] - E[X]^2 = \frac{2}{\lambda^2} - \frac{1}{\lambda^2} = \frac{1}{\lambda^2}. \qquad \square$$

幾何分布と指数分布の関係

幾何分布と指数分布には $\frac{\text{Ge}(p)}{n} \underset{\substack{np=\lambda \\ n\to\infty}}{\sim} \text{Ex}(\lambda)$ という関係があります．例えば，$\lambda = 5$ で，$np = \lambda$ に注意して計算しますと

$$P(0.2 \leqq \text{Ex}(5) \leqq 0.3) = 0.1447,$$

$$P\left(0.2 \leqq \frac{\text{Ge}(0.05)}{100} \leqq 0.3\right) = P(20 \leqq \text{Ge}(0.05) \leqq 30) = 0.1546,$$

$$P\left(0.2 \leqq \frac{\text{Ge}(0.005)}{1000} \leqq 0.3\right) = P(200 \leqq \text{Ge}(0.005) \leqq 300) = 0.1458,$$

$$P\left(0.2 \leqq \frac{\text{Ge}(0.0005)}{10000} \leqq 0.3\right) = P(2000 \leqq \text{Ge}(0.0005) \leqq 3000) = 0.1449$$

となって n を大きくするほど指数分布で計算した確率 0.1447 に近づいていることがわかります．この関係は 6 章で証明します．

5.3 正規分布

統計学で最も重要な分布が次の正規分布です．

連続型確率変数 X の (確率) 密度関数 $p(x)$ が実数 μ，正数 σ に対し

$$p(x) = \frac{1}{\sqrt{2\pi\sigma^2}} e^{-\frac{(x-\mu)^2}{2\sigma^2}} = \frac{1}{\sqrt{2\pi\sigma^2}} \exp\left\{-\frac{(x-\mu)^2}{2\sigma^2}\right\}, \quad -\infty < x < \infty$$

で与えられるとき，X の分布をパラメータ μ, σ^2 の正規分布 (Normal distribution) といいます．$X \sim N(\mu, \sigma^2)$ と書きます．特に $\mu = 0, \sigma^2 = 1$ のとき，X の分布を標準正規分布といいます．$X \sim N(0,1)$ と書きます．

正規分布の密度関数と確率の関係

(1) $y = p(x)$, x 軸, $x = a$, $x = b$ の囲む図形の面積 $= P(a \leqq N(\mu, \sigma^2) \leqq b)$.

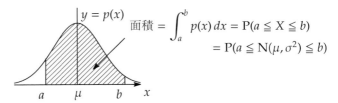

特に $y = p(x)$ と x 軸の囲む図形の面積 $= 1$.

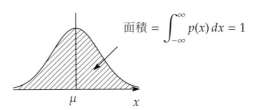

(2) $y = p(x)$ は $x = \mu$ に関して左右対称．

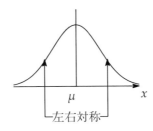

ガンマ関数とその性質

$\Gamma(\alpha) = \int_0^\infty x^{\alpha-1} e^{-x} dx \, (\alpha > 0)$ をガンマ関数といい，次の性質があります．

$$\Gamma(\alpha+1) = \alpha \Gamma(\alpha), \quad \Gamma(n+1) = n! \, (n = 0, 1, 2, \ldots), \quad \Gamma\left(\frac{1}{2}\right) = \sqrt{\pi}.$$

これより正規分布のパラメータ μ, σ^2 は期待値(平均)，分散であるとわかります．

定理 5.5 $X \sim N(\mu, \sigma^2)$ (μ: 実数, $\sigma > 0$) のとき
$$E[X] = \mu, \quad V[X] = \sigma^2.$$

証明． $E[X] = E[X - \mu] + \mu$，奇関数の積分の性質より

$$\begin{aligned}
E[X] &= \int_{-\infty}^{\infty} (x - \mu) \frac{1}{\sqrt{2\pi\sigma^2}} e^{-\frac{(x-\mu)^2}{2\sigma^2}} dx + \mu \\
&\stackrel{[y=x-\mu]}{=} \int_{-\infty}^{\infty} y \frac{1}{\sqrt{2\pi\sigma^2}} e^{-\frac{y^2}{2\sigma^2}} dy + \mu = 0 + \mu = \mu.
\end{aligned}$$

偶関数の積分の性質，$\Gamma\left(\dfrac{3}{2}\right) = \dfrac{\sqrt{\pi}}{2}$ より

$$\begin{aligned}
V[X] &= \int_{-\infty}^{\infty} (x - \mu)^2 \frac{1}{\sqrt{2\pi\sigma^2}} e^{-\frac{(x-\mu)^2}{2\sigma^2}} dx \\
&\stackrel{\left[y=\frac{x-\mu}{\sqrt{2\sigma^2}}\right]}{=} \int_{-\infty}^{\infty} 2\sigma^2 y^2 \frac{1}{\sqrt{2\pi\sigma^2}} e^{-y^2} \sqrt{2\sigma^2} dy = \frac{4\sigma^2}{\sqrt{\pi}} \int_0^{\infty} y^2 e^{-y^2} dy
\end{aligned}$$

$$\begin{bmatrix} \bullet \ y^2 = z \Longleftrightarrow y = \sqrt{z} \\ \bullet \ dy = \dfrac{dz}{2\sqrt{z}} \\ \bullet \ y : 0 \to \infty \Longleftrightarrow z : 0 \to \infty \end{bmatrix}$$

$$= \frac{2\sigma^2}{\sqrt{\pi}} \int_0^\infty z^{\frac{1}{2}} e^{-z} dz = \frac{2\sigma^2}{\sqrt{\pi}} \Gamma\left(\frac{3}{2}\right) = \sigma^2. \qquad \square$$

本書では，正規分布の確率を数表を用いて計算します．そのために必要な正規分布の性質を紹介します．この性質は 6 章で証明します．

定理 5.6 $X \sim N(\mu, \sigma^2)$ (μ : 実数, $\sigma > 0$), 実数 a, b に対し
$$X \text{ の一次変換 } aX + b \sim N(a\mu + b, a^2\sigma^2).$$
特に
X の標準化 $\dfrac{X - \mu}{\sigma} \sim N(0, 1)$　：正規分布の標準化は標準正規分布.

　この性質のおかげで標準正規分布の確率さえわかればすべての正規分布の確率がわかります．そういうわけで本書には標準正規分布の数値しかありません．本書では次のようなまとめ方になっています．

● 正規分布表 I :

以下の z を決めたときの α をまとめた表です．

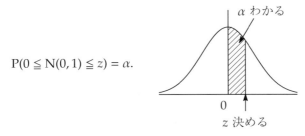

$$P(0 \leqq N(0,1) \leqq z) = \alpha.$$

0 の右にある切れ目 z を決めて，0 から z までの面積 (確率) がわかる表になっています．例えば $P(0 \leqq N(0,1) \leqq 1.23)$ は切れ目 $z = 1.23$ の小数第 1 位までを左側，小数第 2 位を上側で読んでぶつかる所が知りたい面積 (確率) α です．

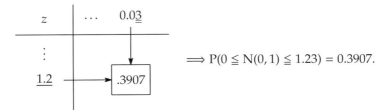

$\Longrightarrow P(0 \leqq N(0,1) \leqq 1.23) = 0.3907.$

問題 5.7　$X \sim N(3, 2^2)$ のとき，以下の確率を正規分布表 I を利用して求めなさい．
 (1) $P(3 \leqq X \leqq 3.5)$　(2) $P(X \geqq 6.5)$　(3) $P(1.5 \leqq X \leqq 5.5)$

　標準正規分布の分位数に対応する数値も本書ではまとめてあります．

● 正規分布表 II :

以下の α を決めたときの z をまとめた表です．

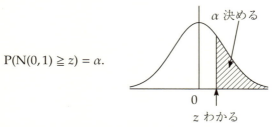

$P(N(0,1) \geq z) = \alpha.$

右裾の面積 (確率) α を決めて，切れ目の数値 z がわかる表です．例えば $P(N(0,1) \geq z)$ = 0.12<u>3</u> となる z は，面積 (確率) 0.123 の小数第 2 位までを左側，小数第 3 位を上側で読んでぶつかる所が知りたい切れ目 z です．

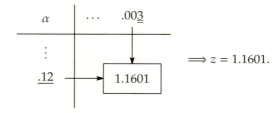

問題 5.8 以下の z を正規分布表 II を用いて求めなさい．

(1) $X \sim N(0,1)$ のとき $P(X \geq z) = 0.025$ となる z

(2) $X \sim N(0,1)$ のとき $P(-z \leq X \leq z) = 0.33$ となる z

(3) $X \sim N(3, 2^2)$ のとき $P(X \geq z) = 0.025$ となる z

(4) $X \sim N(165, 0.01)$ のとき $P(165 \leq X \leq z) = 0.345$ となる z

正規分布の全事象の確率が 1 になることを用いると以下のような複雑な積分も e の指数を平方完成するだけで簡単に計算できます．正数 a，実数 b, c に対し

$$\int_{-\infty}^{\infty} e^{-(ax^2+bx+c)}dx = \int_{-\infty}^{\infty} e^{-a\left(x+\frac{b}{2a}\right)^2 + \frac{b^2-4ac}{4a}} dx$$

$$= \sqrt{\frac{\pi}{a}} e^{\frac{b^2-4ac}{4a}} \int_{-\infty}^{\infty} \frac{1}{\sqrt{2\pi \cdot \frac{1}{2a}}} e^{-\frac{\left(x+\frac{b}{2a}\right)^2}{2 \cdot \frac{1}{2a}}} dx = \sqrt{\frac{\pi}{a}} e^{\frac{b^2-4ac}{4a}}. \quad (5.1)$$

5.4 対数正規分布

連続型確率変数 X の (確率) 密度関数 $p(x)$ が実数 μ, 正数 σ に対し

$$p(x) = \frac{1}{\sqrt{2\pi\sigma^2}} \frac{e^{-\frac{(\log x - \mu)^2}{2\sigma^2}}}{x}, \quad 0 < x < \infty$$

で与えられるとき，X の分布をパラメータ μ, σ^2 の対数正規分布 (Log-Normal distribution) といいます．$X \sim \text{LN}(\mu, \sigma^2)$ と書きます．$\log X \sim \text{N}(\mu, \sigma^2)$ (対数をつけると正規分布) となります．つまり $\text{LN}(\mu, \sigma^2) \sim e^{\text{N}(\mu, \sigma^2)}$ です．

対数正規分布の密度関数と確率の関係

$y = p(x)$, x 軸, $x = a$, $y = b$ の囲む図形の面積 $= \text{P}(a \leqq \text{LN}(\mu, \sigma^2) \leqq b)$.

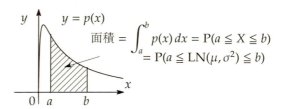

面積 $= \int_a^b p(x)\,dx = \text{P}(a \leqq X \leqq b)$
$= \text{P}(a \leqq \text{LN}(\mu, \sigma^2) \leqq b)$

特に $y = p(x)$ と x 軸の囲む図形の面積 $= 1$.

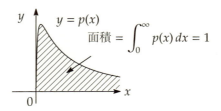

面積 $= \int_0^\infty p(x)\,dx = 1$

問題 5.9 A 大学出身者の年間所得 X (万円) は $\text{LN}(5, 2^2)$ に従うとします．
(1) X が $e^7 (= 1096\ldots)$ 以上になる確率 $\text{P}(X \geqq e^7)$ を求めなさい．
(2) $\text{P}(X < z) = 0.8$ となる z を求めなさい．

問題 5.10 $X \sim \text{LN}(\mu, \sigma^2)$ (μ: 実数, $\sigma > 0$) に対し，以下を証明しなさい．

$$\text{E}[X] = e^{\mu + \frac{\sigma^2}{2}}, \quad \text{V}[X] = e^{2\mu + 2\sigma^2} - e^{2\mu + \sigma^2}.$$

5.5 カイ二乗分布

連続型確率変数 X の (確率) 密度関数 $p(x)$ が自然数 n に対し

$$p(x) = \frac{\left(\frac{1}{2}\right)^{\frac{n}{2}}}{\Gamma\left(\frac{n}{2}\right)} x^{\frac{n}{2}-1} e^{-\frac{x}{2}}, \quad 0 \leqq x < \infty.$$

で与えられるとき, X の分布を自由度 n のカイ二乗分布 (χ^2 分布, Chi square distribution) といいます. $X \sim \chi_n^2$ と書きます. 特に $Z_1, \ldots, Z_n$ を標準正規分布に従う独立な確率変数とすると $Z_1^2 + \cdots + Z_n^2 \sim \chi_n^2$.

カイ二乗分布の密度関数と確率の関係

$y = p(x)$, x 軸, $x = a$, $y = b$ の囲む図形の面積 $= \mathrm{P}(a \leqq \chi_n^2 \leqq b)$.

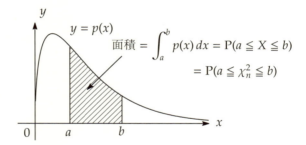

特に $y = p(x)$ と x 軸の囲む図形の面積 $= 1$.

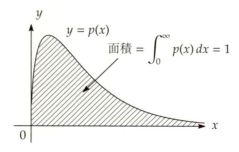

カイ二乗分布の分位数に対応する数値も本書ではまとめてあります.

- χ^2 分布表：

以下の n, α を決めたときの z をまとめた表です．

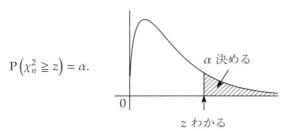

$$P\left(\chi_n^2 \geqq z\right) = \alpha.$$

右裾の面積 (確率) α と自由度 n を決めて，切れ目の数値 z がわかる表です．例えば $P(\chi_{12}^2 \geqq z) = \underline{0.05}$ となる z は面積 (確率) 0.05 を上側，自由度 12 を左側で読んでぶつかる所が知りたい切れ目 z です．

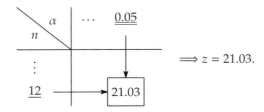

$\implies z = 21.03.$

問題 5.11 χ^2 分布表を利用して以下の z を求めなさい．
(1) $P\left(\chi_9^2 \geqq z\right) = 0.95$ となる z
(2) $P\left(0 \leqq \chi_{15}^2 < z\right) = 0.025$ となる z

問題 5.12 $X \sim \chi_n^2$ に対し以下を証明しなさい．
$$E[X] = n, \quad V[X] = 2n.$$

5.6 t 分布

連続型確率変数 X の (確率) 密度関数 $p(x)$ が自然数 n に対し

$$p(x) = \frac{1}{\sqrt{n} B\left(\frac{n}{2}, \frac{1}{2}\right)\left(1 + \frac{x^2}{n}\right)^{\frac{n+1}{2}}}, \quad -\infty < x < \infty.$$

$$\left(B(\alpha, \beta) = \int_0^1 x^{\alpha-1}(1-x)^{\beta-1} dx, \quad \alpha, \beta > 0\right)$$

で与えられるとき，X の分布を自由度 n の t 分布 (t distribution) といいます．$X \sim t_n$ と書きます．特に $Z_1 \sim N(0,1)$, $Z_2 \sim \chi_n^2$, Z_1 と Z_2 は独立 に対し $\dfrac{Z_1}{\sqrt{\frac{Z_2}{n}}} \sim t_n$.

t 分布の密度関数と確率の関係

(1) $y = p(x)$, x 軸, $x = a$, $y = b$ の囲む図形の面積 $= P(a \leqq t_n \leqq b)$.

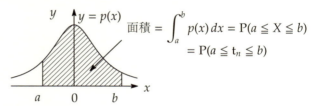

特に $y = p(x)$ と x 軸の囲む図形の面積 $= 1$.

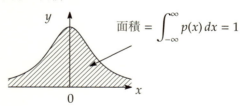

(2) $y = p(x)$ は $x = 0$ (y 軸) に関して左右対称．

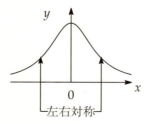

t 分布の分位数に対応する数値も本書ではまとめてあります．

● t 分布表：

以下の n, α を決めたときの z をまとめた表です．

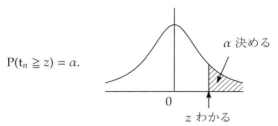

$P(t_n \geqq z) = \alpha.$

右裾の面積 (確率) α と自由度 n を決めて，切れ目の数値 z がわかる表です．例えば $P(t_{12} \geqq z) = \underline{0.01}$ となる z は面積 (確率) 0.01 を上側，自由度 12 を左側で読んでぶつかる所が知りたい切れ目 z です．

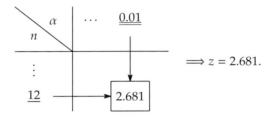

$\implies z = 2.681.$

問題 5.13 t 分布表を利用して以下の z を求めなさい．

(1) $P(t_{15} \geqq z) = 0.01$ となる z
(2) $P(-z \leqq t_{25} \leqq z) = 0.90$ となる z
(3) $P(-z \leqq t_5 \leqq 0) = 0.35$ となる z

ベータ関数とその性質

t 分布の密度関数に現れる $B(\alpha, \beta)$ をベータ関数といい，次の性質があります．

$$B(\alpha, \beta) = \frac{\Gamma(\alpha)\Gamma(\beta)}{\Gamma(\alpha+\beta)}, \quad B(\alpha, \beta) = B(\beta, \alpha), \quad \alpha B(\alpha, \beta+1) = B(\alpha+1, \beta)\beta.$$

問題 5.14 $X \sim t_n$ ($n \geqq 3$) に対し以下を証明しなさい．

$$E[X] = 0, \quad V[X] = \frac{n}{n-2}.$$

5.7 F 分布

連続型確率変数 X の (確率) 密度関数 $p(x)$ が自然数 n, m に対し

$$p(x) = \frac{\left(\dfrac{n}{m}\right)^{\frac{n}{2}}}{B\left(\dfrac{n}{2}, \dfrac{m}{2}\right)} \frac{x^{\frac{n}{2}-1}}{\left(1 + \dfrac{nx}{m}\right)^{\frac{n+m}{2}}}, \quad 0 \leqq x < \infty,$$

で与えられるとき, X の分布を自由度 n, m の F 分布 (F distribution) といいます. $X \sim F_m^n$ と書きます. 特に $Z_1 \sim \chi_n^2, Z_2 \sim \chi_m^2, Z_1$ と Z_2 は独立に対し $\dfrac{\frac{Z_1}{n}}{\frac{Z_2}{m}} \sim F_m^n$. ゆえに $F_m^n \sim \dfrac{1}{F_n^m}$.

F 分布の密度関数と確率の関係

$y = p(x)$, x 軸, $x = a$, $y = b$ の囲む図形の面積 $= P(a \leqq F_m^n \leqq b)$.

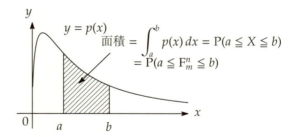

特に $y = p(x)$ と x 軸の囲む図形の面積 $= 1$.

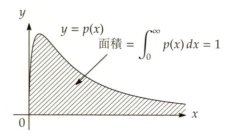

F 分布の分位数に対応する数値も本書ではまとめてあります.

● **F 分布表：**

以下の n, m, α を決めたときの z をまとめた表です．

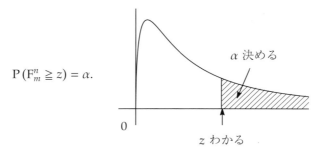

$$P(F^n_m \geq z) = \alpha.$$

右裾の面積 (確率) α と自由度 n, m を決めて，切れ目の数値 z がわかる表です．例えば $P\left(F^3_9 \geq z\right) = 0.05$ となる z は面積 (確率) 0.05 なので F 分布表 (1)，上の自由度 3 を上側，下の自由度 9 を左側で読んでぶつかる所が知りたい切れ目 z です．

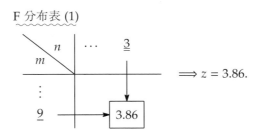

問題 5.15 F 分布表を利用して以下の z を求めなさい．
(1) $P\left(F^{12}_{13} \geq z\right) = 0.01$ となる z (2) $P\left(F^{13}_{12} \leq z\right) = 0.01$ となる z

問題 5.16 $X \sim F^n_m$ $(m \geq 5)$ に対し以下を証明しなさい．

$$E[X] = \frac{m}{m-2}, \quad V[X] = \frac{2m^2(m+n-2)}{n(m-4)(m-2)^2}.$$

F 分布の自由度の入れ替え

問題 5.15 (2) の答を見ますと，$P(F_m^n \geq z) = 1 - \alpha$ となる z を自由度の入れ替えなどをして求めるには，$P(F_m^n \geq z) = \beta$ となる z を $F_m^n(\beta)$ と書くことにして

$$F_m^n(1-\alpha) = \frac{1}{F_n^m(\alpha)}$$

とすればよいとわかります．つまり「n と m」や「α と $1-\alpha$」を入れ替えたいときは「$n \leftrightarrow m$」，「$\alpha \leftrightarrow 1-\alpha$」，さらに「全体を逆数にする」という，3 か所同時のひっくり返しをすればよいということです．

$$F_m^n(1-\alpha) \;=\; \frac{1}{F\!\left(\!\boxed{\alpha}\!\right)\begin{array}{c}\boxed{m}\\ \updownarrow\\ \boxed{n}\end{array}}$$

問題 5.15 (2) の別解はこれを利用しています．以下のように証明できます．

$$1-\alpha = P(F_m^n \geq F_m^n(1-\alpha)) = P\!\left(\frac{1}{F_m^n} \geq F_m^n(1-\alpha)\right) = P\!\left(F_n^m \leq \frac{1}{F_m^n(1-\alpha)}\right)$$

$$\iff P\!\left(F_n^m \geq \frac{1}{F_m^n(1-\alpha)}\right) = \alpha.$$

また，次にあるように，F 分布は二項分布とも関係を持っています．

問題 5.17 自然数 N，$0 < p < 1$，$k = 0, 1, \ldots, N$，$n = 2(k+1)$，$m = 2(N-k)$ に対し，以下を証明しなさい．

$$P(\mathrm{Bi}(N,p) \leq k) = P\!\left(F_m^n \geq \frac{mp}{n(1-p)}\right)$$

問題 5.17 を $N = 20, p = 0.1, k = 5, n = 12, m = 30$ で試してみると，確かに同じ値になっています．

```
> pbinom(5, 20, 0.1) #二項分布
[1] 0.9887469
> pf((30*0.1)/(12*0.9), 12, 30, lower.tail=FALSE) #F分布
[1] 0.9887469
```

第6章
母集団と標本分布

2章から5章で用意した確率論の概念を用いて推測統計学の説明をしていきます．まずは記述統計学で紹介した専門用語をいいかえていきます．

- **母集団**：同じ分布に従う確率変数の集まり (特に分布を母集団分布といいます．また，平均を母平均，分散を母分散，比率を母比率などといい，総称して母数ともいいます)．
- **標本**：母集団から抽出された確率変数の集まり ($X_1,\ldots,X_n$ などと書き，これらは母集団分布に従い，大きさ n の標本といいます)．
- **標本データ**：標本の実現値 ($x_1,\ldots,x_n$ など)．

標本はまだどういう数値を出力するかわからない状態の確率変数ですので2章から5章のように大文字で表し，標本データは実際の数値ですので1章のように小文字で表します．身長の話でいいますと，$X_1,\ldots,X_n$ は身長計の前に n 人が並んでいる状態を表し，$x_1,\ldots,x_n$ は計測後の n 人の身長のリストを表していると捉えます．特に，本書では無作為抽出法という，母集団を構成するすべての要素が等確率で，独立となるよう，標本の中に選ばれる方法で標本を抽出します．

- **無作為抽出法**：標本 $X_1,\ldots,X_n$ が独立となる抽出の仕方．
- **無作為標本**：無作為抽出法で抽出された標本．
- **独立**：$P(a_1 \leqq X_1 \leqq b_1 \text{かつ} \ldots \text{かつ} a_n \leqq X_n \leqq b_n)$
  $= P(a_1 \leqq X_1 \leqq b_1) \times \cdots \times P(a_n \leqq X_n \leqq b_n)$．

細かいことを思い出しますと，標本とは確率変数の集まりで，確率変数とは標本点を入力するとその標本点の数値を出力する関数でした．そして標本点とは標本空間の点でした．さらにさかのぼると標本空間とはある試行の結果の集まりでした．ただし本書では標本データが出力されるまでのこのような背景は意識せず，標本とは母集団分布に従って確率的に標本データを出力する関数と捉えます．

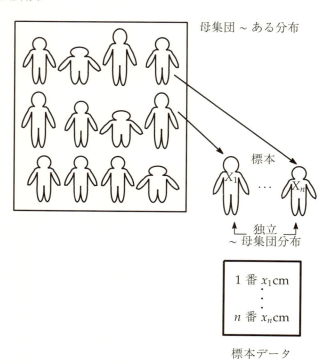

推測統計学はまだどういう数値を出力するかわからない確率変数に対して推測する方法ですので，統計量もここからは確率変数です．名前や計算方法は 1 章と同じですが確率変数ですので大文字で再掲しておきます．大きさ n の標本 $X_1,\ldots,X_n$ に対し

- 標本平均：$\overline{X} = \dfrac{1}{n}\sum_{i=1}^{n} X_i$.
- 標本分散：$S^2 = \dfrac{1}{n}\sum_{i=1}^{n}\left(X_i - \overline{X}\right)^2 = \overline{X^2} - \overline{X}^2$.
- 不偏分散：$U^2 = \dfrac{1}{n-1}\sum_{i=1}^{n}\left(X_i - \overline{X}\right)^2 = \dfrac{n}{n-1}S^2 = \dfrac{n}{n-1}\left(\overline{X^2} - \overline{X}^2\right)$.

推測統計学では標本分散よりも不偏分散を多用します．見た目は $n-1$ で割っているので偏っているように見えますが，実は偏っていません．理由は 10 章で述べます (例 10.1)．

以下の節でこれらの統計量に関する分布の説明をしていきます．

6.1 標本平均の期待値 (平均) と分散

> **定理 6.1** 母平均 μ, 母分散 σ^2 の母集団からの大きさ n の無作為標本 $X_1, \ldots, X_n$ に対し
>
> $$E[\overline{X}] = \mu \quad :\text{標本平均の平均は母平均},$$
> $$V[\overline{X}] = \frac{\sigma^2}{n} \quad :\text{標本平均の分散は}\frac{\text{母分散}}{\text{標本の大きさ}}.$$

証明. 期待値の加法性と, $X_1, \ldots, X_n$ が母集団分布と同分布であることによる等式 $E[X_1] = \cdots = E[X_n] = \mu$ より

$$\begin{aligned}
E[\overline{X}] &= E\left[\frac{X_1 + \cdots + X_n}{n}\right] \\
&= \frac{E[X_1 + \cdots + X_n]}{n} \\
&= \frac{E[X_1] + \cdots + E[X_n]}{n} \\
&= \frac{\mu + \cdots + \mu}{n} = \frac{n\mu}{n} = \mu.
\end{aligned}$$

定数倍の分散の性質と, $X_1, \ldots, X_n$ が独立であることによる分散の加法性と, $X_1, \ldots, X_n$ が母集団分布と同分布であることによる等式 $V[X_1] = \cdots = V[X_n] = \sigma^2$ より

$$\begin{aligned}
V[\overline{X}] &= V\left[\frac{X_1 + \cdots + X_n}{n}\right] \\
&= \frac{V[X_1 + \cdots + X_n]}{n^2} \\
&= \frac{V[X_1] + \cdots + V[X_n]}{n^2} \\
&= \frac{\sigma^2 + \cdots + \sigma^2}{n^2} = \frac{n\sigma^2}{n^2} = \frac{\sigma^2}{n}.
\end{aligned}$$
□

4 章と 5 章で紹介した分布を母集団分布とする無作為標本の標本平均の, 平均と分散は次のようになります.

例 6.2

(a) $X_1, \ldots, X_n$ を $\mathrm{Bi}(N, p)$ からの無作為標本とするとき
$$\mathrm{E}[\overline{X}] = Np, \quad \mathrm{V}[\overline{X}] = \frac{Np(1-p)}{n}.$$

(b) $X_1, \ldots, X_n$ を $\mathrm{Po}(\lambda)$ からの無作為標本とするとき
$$\mathrm{E}[\overline{X}] = \lambda, \quad \mathrm{V}[\overline{X}] = \frac{\lambda}{n}.$$

(c) $X_1, \ldots, X_n$ を $\mathrm{Ge}(p)$ からの無作為標本とするとき
$$\mathrm{E}[\overline{X}] = \frac{1}{p}, \quad \mathrm{V}[\overline{X}] = \frac{1-p}{p^2 n}.$$

(d) $X_1, \ldots, X_n$ を $\mathrm{DU}(1, N)$ からの無作為標本とするとき
$$\mathrm{E}[\overline{X}] = \frac{N+1}{2}, \quad \mathrm{V}[\overline{X}] = \frac{(N+1)(N-1)}{12n}.$$

(e) $X_1, \ldots, X_n$ を $\mathrm{U}(0, 1)$ からの無作為標本とするとき
$$\mathrm{E}[\overline{X}] = \frac{1}{2}, \quad \mathrm{V}[\overline{X}] = \frac{1}{12n}.$$

(f) $X_1, \ldots, X_n$ を $\mathrm{Ex}(\lambda)$ からの無作為標本とするとき
$$\mathrm{E}[\overline{X}] = \frac{1}{\lambda}, \quad \mathrm{V}[\overline{X}] = \frac{1}{\lambda^2 n}.$$

(g) $X_1, \ldots, X_n$ を $\mathrm{N}(\mu, \sigma^2)$ からの無作為標本とするとき
$$\mathrm{E}[\overline{X}] = \mu, \quad \mathrm{V}[\overline{X}] = \frac{\sigma^2}{n}.$$

問題 6.3 公平なサイコロを 1 回投げたときの目の数字の集まりを母集団とします。X_1, X_2, X_3 をこの母集団からの大きさ 3 の無作為標本とするとき，これらの標本平均の，平均 $\mathrm{E}[\overline{X}]$，分散 $\mathrm{V}[\overline{X}]$ を求めなさい．

6.2 積率母関数とその性質

本章の冒頭で紹介した統計量は確率変数の和や定数倍となっています．このように変形された確率変数の分布を知るために有用な積率母関数を紹介します．

- **積率母関数** (Moment generating function)：確率変数 X に対し
$$M_X(t) = E\left[e^{tX}\right] \quad : X \text{ の積率母関数 } (t: \text{実数}).$$

例 6.4

(a) $X \sim \text{Bi}(n,p) \implies M_X(t) = \left(e^t p + 1 - p\right)^n$：二項定理より

$$M_X(t) = \sum_{x=0}^{n} e^{tx}{}_n C_x p^x (1-p)^{n-x} = \sum_{x=0}^{n} {}_n C_x \left(e^t p\right)^x (1-p)^{n-x} = \left(e^t p + 1 - p\right)^n.$$

(b) $X \sim \text{Po}(\lambda) \implies M_X(t) = e^{(e^t-1)\lambda} = \exp\left\{(e^t - 1)\lambda\right\}$：マクローリン展開より

$$M_X(t) = \sum_{x=0}^{\infty} e^{tx} \frac{\lambda^x e^{-\lambda}}{x!} = e^{-\lambda} \sum_{x=0}^{\infty} \frac{(e^t \lambda)^x}{x!} = e^{-\lambda} e^{e^t \lambda} = \exp\left\{\left(e^t - 1\right)\lambda\right\}.$$

(c) $X \sim \text{Ge}(p) \implies M_X(t) = \dfrac{e^t p}{1 - e^t(1-p)} \left(t < \log \dfrac{1}{1-p}\right)$：等比級数の和の公式より

$$M_X(t) = \sum_{x=1}^{\infty} e^{tx} p(1-p)^{x-1} = e^t p \sum_{x=1}^{\infty} \left[e^t(1-p)\right]^{x-1} = \frac{e^t p}{1 - e^t(1-p)}.$$

(d) $X \sim \text{DU}(1,N) \implies M_X(t) = \dfrac{e^t(1-e^{Nt})}{N(1-e^t)} : M_X(t) = \sum_{x=1}^{N} e^{tx} \dfrac{1}{N} = \dfrac{e^t(1-e^{Nt})}{N(1-e^t)}.$

(e) $X \sim \text{U}(0,1) \implies M_X(t) = \dfrac{e^t - 1}{t} : M_X(t) = \int_0^1 e^{tx} dx = \left[\dfrac{e^{tx}}{t}\right]_0^1 = \dfrac{e^t - 1}{t}.$

(f) $X \sim \text{Ex}(\lambda) \implies M_X(t) = \dfrac{\lambda}{\lambda - t} \ (t < \lambda):$

$$M_X(t) = \int_0^{\infty} e^{tx} \lambda e^{-\lambda x} dx = \lambda \int_0^{\infty} e^{-(\lambda-t)x} dx = \lambda \left[\frac{e^{-(\lambda-t)x}}{-(\lambda-t)}\right]_0^{\infty} = \frac{\lambda}{\lambda - t}.$$

(g) $X \sim \text{N}(\mu, \sigma^2) \implies M_X(t) = e^{\mu t + \frac{\sigma^2}{2} t^2} = \exp\left\{\mu t + \dfrac{\sigma^2}{2} t^2\right\}$：$e$ の指数を平方完成して (p.58 (5.1) 参照)

$$M_X(t) = \int_{-\infty}^{\infty} e^{tx} \frac{1}{\sqrt{2\pi\sigma^2}} e^{-\frac{(x-\mu)^2}{2\sigma^2}} dx = e^{\mu t + \frac{\sigma^2}{2} t^2} \int_{-\infty}^{\infty} \frac{1}{\sqrt{2\pi\sigma^2}} e^{-\frac{[x-(\mu+\sigma^2 t)]^2}{2\sigma^2}} dx = e^{\mu t + \frac{\sigma^2}{2} t^2}.$$

積率母関数の性質

積率母関数は次のような性質を持っています．まず，確率変数 X, Y, ある正数 a に対し

(1) $M_X(t) = M_Y(t)$ (すべての $-a < t < a$ に対し) $\implies X \sim Y$.
(2) X, Y は独立 $\iff E[e^{sX+tY}] = M_X(s) M_Y(t)$ (すべての $-a < s, t < a$ に対し).
特に X, Y は独立 $\implies M_{X+Y}(t) = M_X(t) M_Y(t)$.
(3) $E[X] = M_X'(0)$, $\quad E[X^2] = M_X''(0)$, $\quad V[X] = M_X''(0) - M_X'(0)^2$.

さらに，確率変数 $X_1, X_2, \ldots$ に対し

(4) $\lim_{n\to\infty} M_{X_n}(t) = M_X(t)$ (すべての $-a < t < a$ に対し) $\implies X_n \underset{n\to\infty}{\sim} X$.

定理 6.5 独立確率変数 X, Y に対し

(1) (二項分布の再生性) $0 < p < 1$, 自然数 n_1, n_2 に対し
$$X \sim \text{Bi}(n_1, p),\ Y \sim \text{Bi}(n_2, p) \implies X+Y \sim \text{Bi}(n_1+n_2, p).$$
(2) (ポアソン分布の再生性) 正数 λ_1, λ_2 に対し
$$X \sim \text{Po}(\lambda_1),\ Y \sim \text{Po}(\lambda_2) \implies X+Y \sim \text{Po}(\lambda_1+\lambda_2).$$
(3) (正規分布の再生性) 実数 μ_1, μ_2, 正数 σ_1, σ_2 に対し
$$X \sim N(\mu_1, \sigma_1^2),\ Y \sim N(\mu_2, \sigma_2^2) \implies X+Y \sim N(\mu_1+\mu_2, \sigma_1^2+\sigma_2^2).$$
(4) (正規分布の一次変換) 実数 μ, a, b, 正数 σ に対し
$$X \sim N(\mu, \sigma^2) \implies aX+b \sim N(a\mu+b, a^2\sigma^2).$$

証明．独立確率変数の和の積率母関数が各積率母関数の積になることより

(1) $M_{X+Y}(t) = (e^t p + 1 - p)^{n_1} (e^t p + 1 - p)^{n_2} = (e^t p + 1 - p)^{n_1+n_2} = M_{\text{Bi}(n_1+n_2, p)}(t)$.
(2) $M_{X+Y}(t) = e^{(e^t-1)\lambda_1} e^{(e^t-1)\lambda_2} = e^{(e^t-1)(\lambda_1+\lambda_2)} = M_{\text{Po}(\lambda_1+\lambda_2)}(t)$.
(3) $M_{X+Y}(t) = e^{\mu_1 t + \frac{\sigma_1^2}{2} t^2} e^{\mu_2 t + \frac{\sigma_2^2}{2} t^2} = e^{(\mu_1+\mu_2)t + \frac{\sigma_1^2+\sigma_2^2}{2} t^2} = M_{N(\mu_1+\mu_2, \sigma_1^2+\sigma_2^2)}(t)$.
(4) e の指数を平方完成すると

$$M_{aX+b}(t) = \int_{-\infty}^{\infty} e^{(ax+b)t} \frac{1}{\sqrt{2\pi\sigma^2}} e^{-\frac{(x-\mu)^2}{2\sigma^2}} dx$$

$$= e^{(a\mu+b)t + \frac{a^2\sigma^2}{2}t^2} \int_{-\infty}^{\infty} \frac{1}{\sqrt{2\pi\sigma^2}} e^{-\frac{[x-(\mu+a\sigma^2 t)]^2}{2\sigma^2}} dx = M_{N(a\mu+b, a^2\sigma^2)}(t). \quad \square$$

線形代数学の知識を利用すると正規分布に従う独立な確率変数達のある一次変換は再び正規分布に従い独立となることがわかります．

> **定理 6.6**(正規分布達の直交変換不変性) $N(0,1)$ に従う独立な確率変数 $X_1,\ldots,X_n$, $n \times n$ 直交行列 O (つまり ${}^t O = O^{-1}$) に対し
> $$\begin{pmatrix} Y_1 \\ \vdots \\ Y_n \end{pmatrix} = O \begin{pmatrix} X_1 \\ \vdots \\ X_n \end{pmatrix} \implies Y_1,\ldots,Y_n \text{ は独立で } N(0,1) \text{ に従う}.$$

証明. 実数 $t_1,\ldots,t_n$ に対し

$$\mathrm{E}\left[e^{t_1 Y_1 + \cdots + t_n Y_n}\right] = \mathrm{E}\left[\exp\left\{(t_1,\ldots,t_n)\begin{pmatrix} Y_1 \\ \vdots \\ Y_n \end{pmatrix}\right\}\right] = \mathrm{E}\left[\exp\left\{(t_1,\ldots,t_n)O\begin{pmatrix} X_1 \\ \vdots \\ X_n \end{pmatrix}\right\}\right]$$

$$= \mathrm{E}\left[\exp\{\alpha_1 X_1 + \cdots + \alpha_n X_n\}\right] \stackrel{\substack{X_1,\ldots,X_n \\ :\text{独立},\sim N(0,1)}}{=} \exp\left\{\frac{1}{2}(\alpha_1^2 + \cdots + \alpha_n^2)\right\}$$

$$= \exp\left\{\frac{1}{2}|(\alpha_1,\ldots,\alpha_n)|^2\right\} \quad \begin{pmatrix} (\alpha_1,\ldots,\alpha_n) = (t_1,\ldots,t_n)O, \\ |\cdots| : \text{ベクトルの大きさ} \end{pmatrix}$$

$$= \exp\left\{\frac{1}{2}|(t_1,\ldots,t_n)O|^2\right\} \stackrel{O:\text{直交行列}}{=} \exp\left\{\frac{1}{2}|(t_1,\ldots,t_n)|^2\right\}$$

$$= \exp\left\{\frac{1}{2}(t_1^2 + \cdots + t_n^2)\right\} = \exp\left\{\frac{1}{2}t_1^2\right\} \cdots \exp\left\{\frac{1}{2}t_n^2\right\} \tag{6.1}$$

ここで, $i = 1,\ldots,n$ に対し t_i 以外の t_j 達はすべて 0 として (6.1) を見ると

$$\mathrm{E}\left[e^{t_i Y_i}\right] = \exp\left\{\frac{1}{2}t_i^2\right\} \implies Y_i \sim N(0,1)$$

より $Y_1,\ldots,Y_n \sim N(0,1)$ とわかり, 再び (6.1) を見てみると

$$\mathrm{E}\left[e^{t_1 Y_1 + \cdots + t_n Y_n}\right] = \mathrm{M}_{Y_1}(t_1) \cdots \mathrm{M}_{Y_n}(t_n)$$

より $Y_1,\ldots,Y_n$: 独立 もわかる. □

以上の定理を見ると同種の分布に従う独立確率変数の和は同種の分布に従うと思ってしまいますが, 同種の分布に従う独立確率変数の和が別種の分布に従うこともあります.

例 6.7 $U(0,1)$ に従う独立な確率変数 X, Y に対し $X + Y \sim \text{Tent}(0,2) \not\sim U(a,b)$. ここで, $\text{Tent}(0,2)$ とは (確率) 密度関数 $p(x)$ が

$$p(x) = \begin{cases} x & (0 \leq x \leq 1), \\ 2 - x & (1 \leq x \leq 2), \\ 0 & (その他) \end{cases}$$

の連続分布 (テント分布) です. これも以下の積率母関数の一致よりわかります.

$$M_{X+Y}(t) \stackrel{X,Y:独立}{=} M_X(t)M_Y(t) = \frac{(e^t - 1)^2}{t^2} = M_{\text{Tent}(0,2)}(t).$$

定理 6.8 (ポアソンの小数の法則)

$$\text{Bi}(n,p) \underset{\substack{np=\lambda \\ n\to\infty}}{\sim} \text{Po}(\lambda).$$

証明. $M_{\text{Bi}(n,p)}(t) = \left[1 + (e^t - 1)p\right]^n \stackrel{p=\frac{\lambda}{n}}{=} \left[1 + \frac{(e^t - 1)\lambda}{n}\right]^n \underset{n\to\infty}{\longrightarrow} e^{(e^t-1)\lambda} = M_{\text{Po}(\lambda)}(t).$

□

定理 6.9 (離散分布と連続分布の関係)

$$\frac{\text{DU}(1,N)}{N} \underset{N\to\infty}{\sim} U(0,1), \quad \frac{\text{Ge}(p)}{n} \underset{\substack{np=\lambda \\ n\to\infty}}{\sim} \text{Ex}(\lambda).$$

証明.

$$M_{\frac{\text{DU}(1,N)}{N}}(t) = \frac{e^{\frac{t}{N}}(1 - e^t)}{N\left(1 - e^{\frac{t}{N}}\right)} = \frac{e^{\frac{t}{N}}(e^t - 1)}{t \cdot \frac{e^{\frac{t}{N}} - 1}{\frac{t}{N}}} \underset{N\to\infty}{\longrightarrow} \frac{e^t - 1}{t} = M_{U(0,1)}(t),$$

$$M_{\frac{\text{Ge}(p)}{n}}(t) = \frac{e^{\frac{t}{n}}\frac{\lambda}{n}}{1 - e^{\frac{t}{n}}\left(1 - \frac{\lambda}{n}\right)} = \frac{\lambda}{\lambda - t \cdot \frac{e^{\frac{t}{n}} - 1}{\frac{t}{n}} \cdot \frac{1}{e^{\frac{t}{n}}}} \underset{n\to\infty}{\longrightarrow} \frac{\lambda}{\lambda - t} = M_{\text{Ex}(\lambda)}(t). \quad □$$

定理 6.10 (中心極限定理) 母平均 μ, 母分散 σ^2 の母集団からの無作為標本を $X_1, X_2, \ldots$ とすると
$$\frac{\overline{X} - \mu}{\sqrt{\dfrac{\sigma^2}{n}}} \underset{n \to \infty}{\sim} N(0, 1).$$

証明. $Y_i = \dfrac{X_i - \mu}{\sigma}$ $(i = 1, 2, \ldots)$, $Y = \dfrac{\overline{X} - \mu}{\sqrt{\dfrac{\sigma^2}{n}}} = \dfrac{Y_1 + \cdots + Y_n}{\sqrt{n}}$ とおくと

$$M_{Y_i}(0) = E\left[e^{0 Y_i}\right] = 1, \quad M'_{Y_i}(0) = E[Y_i] = 0, \quad M''_{Y_i}(0) = E[Y_i^2] = V[Y_i] = 1$$

より, $\psi(t) = \log M_{Y_i}(t)$ について

$$\psi(0) = 0, \quad \psi'(0) = \frac{M'_{Y_i}(0)}{M_{Y_i}(0)} = 0, \quad \psi''(0) = \frac{M''_{Y_i}(0) M_{Y_i}(0) - M'_{Y_i}(0)^2}{M_{Y_i}(0)^2} = 1.$$

ゆえにテイラーの定理より

$$\psi(t) = \psi(0) + \psi'(0) t + \frac{\psi''(0)}{2} t^2 + \frac{\psi'''(c)}{6} t^3 = \frac{1}{2} t^2 + \frac{\psi'''(c)}{6} t^3$$

となる $-|t| < c < |t|$ がとれる. したがって, $\dfrac{t}{\sqrt{n}} Y_1, \ldots, \dfrac{t}{\sqrt{n}} Y_n$: 独立同分布 より

$$\begin{aligned}
M_Y(t) &= E\left[e^{\frac{t}{\sqrt{n}}(Y_1 + \cdots + Y_n)}\right] = E\left[e^{\frac{t}{\sqrt{n}} Y_1}\right]^n = M_{Y_1}\left(\frac{t}{\sqrt{n}}\right)^n \\
&= \exp\left\{\log\left[M_{Y_1}\left(\frac{t}{\sqrt{n}}\right)\right]^n\right\} = \exp\left\{n \psi\left(\frac{t}{\sqrt{n}}\right)\right\} \\
&= \exp\left\{n\left[\frac{1}{2}\left(\frac{t}{\sqrt{n}}\right)^2 + \frac{\psi'''(c)}{6}\left(\frac{t}{\sqrt{n}}\right)^3\right]\right\} \\
&= \exp\left\{\frac{1}{2} t^2 + \frac{\psi'''(c) t^3}{6 \sqrt{n}}\right\} \\
&\underset{n \to \infty}{\longrightarrow} \exp\left\{\frac{1}{2} t^2\right\} = M_{N(0,1)}(t). \quad \square
\end{aligned}$$

第7章
正規母集団からの標本抽出と標本分布

前章の正規分布の性質を用いると，正規母集団の統計量の分布がわかります．

7.1 正規母集団の標本平均

無作為標本の標本平均は，平均が母平均，分散が母分散割る標本の大きさ，でした．さらに，母集団が正規分布に従うなら分布が正規分布に従うことがわかります．

> **定理 7.1** 正規母集団 $N(\mu, \sigma^2)$ からの無作為標本を $X_1, \ldots, X_n$ とすると
>
> $$\overline{X} \sim N\left(\mu, \frac{\sigma^2}{n}\right)$$ ：正規母集団からの無作為標本の標本平均は，平均が母平均，分散が母分散割る標本の大きさ，の正規分布に従う．
>
> また，標準化をして
>
> $$\frac{\overline{X} - \mu}{\sqrt{\frac{\sigma^2}{n}}} \sim N(0, 1)$$ ：正規母集団からの無作為標本の標本平均の標準化は標準正規分布に従う．

証明． 再生性より $X_1 + \cdots + X_n \sim N(n\mu, n\sigma^2)$ で，両辺を n で割って一次変換より $\overline{X} \sim \frac{1}{n} N(n\mu, n\sigma^2) \sim N\left(\frac{1}{n} n\mu, \frac{1}{n^2} n\sigma^2\right) = N\left(\mu, \frac{\sigma^2}{n}\right)$． □

問題 7.2 C 大学入学試験受験者の得点は正規分布 $N(300, 20^2)$ に従うとします．

(1) 無作為に抽出された 16 人の C 大入試受験者の得点の標本平均が 290 点以上 315 点以下である確率を求めなさい．

(2) 無作為に抽出された n 人の C 大入試受験者の得点の標本平均が確率 0.88 以上で 280 点を超える n の最小値を求めなさい．

7.2 正規母集団の不偏分散

正規母集団からの無作為標本の不偏分散に関係する統計量の分布や性質を紹介していきます.

まず，不偏分散のある定数倍はカイ二乗分布に従い標本平均と独立であることがわかります.

> **定理 7.3** 正規母集団 $N(\mu, \sigma^2)$ からの無作為標本を $X_1, \ldots, X_n$, 標本平均を $\overline{X}$, 不偏分散を U^2 とすると
>
> $$\frac{(n-1)U^2}{\sigma^2} \sim \chi^2_{n-1} \quad : \quad \frac{(標本の大きさ-1) \times 不偏分散}{母分散} は$$
>
> 正規母集団からの無作為標本の
> $\chi^2_{標本の大きさ-1}$ に従う,
>
> U^2 と $\overline{X}$ は独立である.

説明:
$$\frac{(n-1)U^2}{\sigma^2} = \sum_{i=1}^{n}\left(\frac{X_i - \overline{X}}{\sigma}\right)^2 = \sum_{i=1}^{n}\left[\begin{array}{c}X_i の標準化 \\ もどき\end{array}\right]^2$$

$$\sim \sum_{i=1}^{n}\left[\begin{array}{c}N(0,1) \\ もどき\end{array}\right]^2 = \left[\begin{array}{c}独立な N(0,1)^2 の \\ 実質 n-1 個の和\end{array}\right] \sim \chi^2_{n-1}.$$

ここで，X_i の標準化もどきとは X_i の標準化において X_i の平均 μ を標本平均 $\overline{X}$ に変更したもののことです (「もどき」とは似せて作ること，また似せて作ったもの，まがいものなどを意味します). $n = 2, 3$ では以下のようになっています.

$n = 2$ のときは

$$\frac{(n-1)U^2}{\sigma^2} = \sum_{i=1}^{2}\left(\frac{X_i - \overline{X}}{\sigma}\right)^2 = \left(\frac{X_1 - X_2}{\sqrt{2}\sigma}\right)^2 \stackrel{再生性,}{\underset{一次変換}{\sim}} N(0,1)^2 \sim \chi^2_1,$$

$n = 3$ のときは

$$\frac{(n-1)U^2}{\sigma^2} = \sum_{i=1}^{3}\left(\frac{X_i - \overline{X}}{\sigma}\right)^2 = \left(\frac{X_1 - X_2}{\sqrt{2}\sigma}\right)^2 + \left(\frac{X_1 + X_2 - 2X_3}{\sqrt{6}\sigma}\right)^2$$

$$\stackrel{再生性}{\underset{\substack{直交変換 \\ 不変性}}{\sim}} N(0,1)^2 + N(0,1)^2 \sim \chi^2_2.$$

証明. $Y = {}^t\begin{pmatrix} Y_1 & \cdots & Y_n \end{pmatrix}$ を以下のようにおく.

$$Y := \begin{pmatrix} \frac{1}{\sqrt{1\cdot 2}} & \frac{-1}{\sqrt{1\cdot 2}} & 0 & 0 & \cdots & 0 & 0 \\ \frac{1}{\sqrt{2\cdot 3}} & \frac{1}{\sqrt{2\cdot 3}} & \frac{-2}{\sqrt{2\cdot 3}} & 0 & \cdots & 0 & 0 \\ \vdots & \vdots & \vdots & \vdots & \cdots & \vdots & \vdots \\ \frac{1}{\sqrt{(n-1)n}} & \frac{1}{\sqrt{(n-1)n}} & \frac{1}{\sqrt{(n-1)n}} & \frac{1}{\sqrt{(n-1)n}} & \cdots & \frac{1}{\sqrt{(n-1)n}} & \frac{-(n-1)}{\sqrt{(n-1)n}} \\ \frac{1}{\sqrt{n}} & \frac{1}{\sqrt{n}} & \frac{1}{\sqrt{n}} & \frac{1}{\sqrt{n}} & \cdots & \frac{1}{\sqrt{n}} & \frac{1}{\sqrt{n}} \end{pmatrix} \begin{pmatrix} \frac{X_1 - \mu}{\sigma} \\ \vdots \\ \frac{X_n - \mu}{\sigma} \end{pmatrix}$$

$=: O^t\begin{pmatrix} X'_1 & \cdots & X'_n \end{pmatrix} = O^t X',\quad X'_1, \ldots, X'_n : 独立, \sim N(0,1),\ O : 直交行列.$

正規分布達の直交変換不変性から $Y_1, \ldots, Y_n$ は独立で $N(0,1)$ に従う. さらに

$$\sum_{i=1}^n Y_i^2 = |Y|^2 = |O^t X'|^2 \stackrel{O:直交行列}{=} |X'|^2 = \sum_{i=1}^n X_i'^2 = \sum_{i=1}^n \left(\frac{X_i - \mu}{\sigma}\right)^2,$$

$$Y_n = \sum_{i=1}^n \frac{1}{\sqrt{n}} \frac{X_i - \mu}{\sigma} = \sqrt{n}\frac{\overline{X} - \mu}{\sigma} \left(\Longleftrightarrow \overline{X} = \frac{\sigma}{\sqrt{n}} Y_n + \mu\right)$$

より

$$\frac{(n-1)U^2}{\sigma^2} = \sum_{i=1}^n \left(\frac{X_i - \overline{X}}{\sigma}\right)^2 = \sum_{i=1}^n \left[\left(\frac{X_i - \mu}{\sigma}\right) - \left(\frac{\overline{X} - \mu}{\sigma}\right)\right]^2$$

$$= \sum_{i=1}^n \left(\frac{X_i - \mu}{\sigma}\right)^2 - 2\left(\sum_{i=1}^n \frac{X_i - \mu}{\sigma}\right)\left(\frac{\overline{X} - \mu}{\sigma}\right) + n\left(\frac{\overline{X} - \mu}{\sigma}\right)^2$$

$$= \sum_{i=1}^n Y_i^2 - Y_n^2 = \sum_{i=1}^{n-1} Y_i^2 \sim \chi_{n-1}^2.$$

また,

$$\left[\begin{array}{l} U^2 = \dfrac{\sigma^2}{n-1} \sum_{i=1}^{n-1} Y_i^2 : Y_1, \ldots, Y_{n-1} のみの統計量 \\ \overline{X} = \dfrac{\sigma}{\sqrt{n}} Y_n + \mu : Y_n のみの統計量 \end{array}\right] \Longrightarrow U^2, \overline{X} は独立. \qquad \square$$

覚え方

$$\frac{(標本の大きさ - 1) \times 不偏分散}{母分散} \sim \chi^2_{標本の大きさ-1}.$$

問題 7.4 正規母集団 $N(\mu, \sigma^2)$ からの大きさ $n = 10$ の無作為標本 $X_1, \ldots, X_{10}$ の不偏分散を U^2 とします.

(1) $P\left(0 \leqq \dfrac{(n-1)U^2}{\sigma^2} < z\right) = 0.975$ となる z を求めなさい.

(2) U^2 の実現値が 10 のとき, (1) の事象を変形して $\sigma^2 > c$ となる c を求めなさい.

標本平均の標準化で母分散を不偏分散に変えたら t 分布に従うことがわかります.

定理 7.5 正規母集団 $N(\mu, \sigma^2)$ からの無作為標本を $X_1, \ldots, X_n$, 標本平均を $\overline{X}$, 不偏分散を U^2 とすると

$$\dfrac{\overline{X} - \mu}{\sqrt{\dfrac{U^2}{n}}} \sim t_{n-1} \qquad : \begin{array}{l}\text{正規母集団からの無作為標本の標本平均の標準化で}\\\text{母分散を不偏分散に変えたら } t_{\text{標本の大きさ}-1} \text{に従う.}\end{array}$$

証明.
$$\dfrac{\overline{X} - \mu}{\sqrt{\dfrac{U^2}{n}}} = \dfrac{\dfrac{\overline{X} - \mu}{\sqrt{\dfrac{\sigma^2}{n}}}}{\dfrac{\sqrt{\dfrac{U^2}{n}}}{\sqrt{\dfrac{\sigma^2}{n}}}} = \dfrac{\dfrac{\overline{X} - \mu}{\sqrt{\dfrac{\sigma^2}{n}}}}{\sqrt{\dfrac{U^2}{\sigma^2}}} = \dfrac{\dfrac{\overline{X} - \mu}{\sqrt{\dfrac{\sigma^2}{n}}}}{\sqrt{\dfrac{(n-1)U^2}{\sigma^2}}} \sim \dfrac{N(0,1)}{\sqrt{\dfrac{\chi^2_{n-1}}{n-1}}} \overset{\substack{\text{分子分母}\\\text{独立}}}{\sim} t_{n-1}. \quad \square$$

覚え方
$$\dfrac{\overline{X} - \mu}{\sqrt{\dfrac{\boxed{\sigma^2}}{n}}} \sim N(0,1) \overset{\sigma^2 \to U^2}{\Longrightarrow} \dfrac{\overline{X} - \mu}{\sqrt{\dfrac{\boxed{U^2}}{n}}} \sim t_{n-1}$$

問題 7.6 正規母集団 $N(\mu, \sigma^2)$ からの大きさ $n = 9$ の無作為標本 $X_1, \ldots, X_9$ の標本平均を $\overline{X}$, 不偏分散を U^2 とします.

(1) $P\left(-z \leqq \dfrac{\overline{X} - \mu}{\sqrt{\dfrac{U^2}{n}}} \leqq z\right) = 0.99$ となる z を求めなさい.

(2) $\overline{X}, U^2$ の実現値が 3, 1 のとき, (1) の事象を変形して $c_1 \leqq \mu \leqq c_2$ となる c_1, c_2 を求めなさい.

また，2 つの不偏分散の比のある定数倍は F 分布に従うことがわかります．

定理 7.7 正規母集団 $N(\mu_A, \sigma_A^2)$ からの無作為標本を $X_1, \ldots, X_{n_A}$，その不偏分散を U_A^2，正規母集団 $N(\mu_B, \sigma_B^2)$ からの無作為標本を $Y_1, \ldots, Y_{n_B}$，その不偏分散を U_B^2，2 つの正規母集団は独立であるとすると

$$\frac{\dfrac{U_A^2}{\sigma_A^2}}{\dfrac{U_B^2}{\sigma_B^2}} \sim F_{n_B-1}^{n_A-1} \quad : \frac{\text{不偏分散}}{\text{母分散}} \text{の比は}\ F_{\text{比の分母の標本の大きさ}-1}^{\text{比の分子の標本の大きさ}-1} \text{に従う．}$$

証明．$\dfrac{\dfrac{U_A^2}{\sigma_A^2}}{\dfrac{U_B^2}{\sigma_B^2}} = \dfrac{\dfrac{(n_A-1)U_A^2}{\sigma_A^2}}{n_A-1} \Big/ \dfrac{\dfrac{(n_B-1)U_B^2}{\sigma_B^2}}{n_B-1} \sim \dfrac{\dfrac{\chi_{n_A-1}^2}{n_A-1}}{\dfrac{\chi_{n_B-1}^2}{n_B-1}} \overset{\text{分子分母独立}}{\sim} F_{n_B-1}^{n_A-1}.$ □

覚え方

$$\frac{\text{不偏分散}}{\text{母分散}} \text{の比} \sim F_{\text{比の分母の標本の大きさ}-1}^{\text{比の分子の標本の大きさ}-1}.$$

問題 7.8 2 つの独立な正規母集団 $N(\mu_A, \sigma_A^2), N(\mu_B, \sigma_B^2)$ を考える．$N(\mu_A, \sigma_A^2)$ からの大きさ 13 の無作為標本の不偏分散を U_A^2，$N(\mu_B, \sigma_B^2)$ からの大きさ 14 の無作為標本の不偏分散を U_B^2 とします．

(1) $P\left(\dfrac{U_A^2}{\sigma_A^2} \Big/ \dfrac{U_B^2}{\sigma_B^2} \geqq z\right) = 0.05$ となる z を求めなさい．

(2) U_A^2, U_B^2 の実現値が $1.917, 2.385$ のとき，(1) の事象を変形して $\dfrac{\sigma_A^2}{\sigma_B^2} \leqq c$ となる c を求めなさい．

第 8 章
大数の法則と中心極限定理

この章では統計学で最も重要な 2 つの定理を紹介します．

8.1 大数の法則

大数の法則 (Law of Large Numbers, LLN) とは，大きな標本の標本平均と母平均はほぼ等しいという法則です．

> **定理 8.1** (大数の法則) 母平均 μ，母分散 σ^2 の母集団からの無作為標本を $X_1, X_2, \ldots$ とすると
>
> 任意の $\varepsilon > 0$ に対し
> $$P\left(\left|\overline{X} - \mu\right| \geq \varepsilon\right) \xrightarrow[n \to \infty]{} 0$$
> : 標本平均と母平均にはズレがある という確率は標本を大きくすると 0 に近づく．

実際には，表現が簡潔で主張も強い，大数の強法則というものが成立します．

注 8.2 (大数の強法則 (Strong LLN, SLLN)) 母平均 μ，母分散 σ^2 の母集団からの無作為標本を $X_1, X_2, \ldots$ とすると

$$P\left(\overline{X} \xrightarrow[n \to \infty]{} \mu\right) = 1$$
: 標本平均は標本を大きくすると母平均に近づく という確率は 1 である．

使い方 $\underbrace{\mu}_{(:知りたい)} \stackrel{n:大}{\simeq} \underbrace{\overline{x}}_{(:\overline{X}の実現値)}$ ．

ある条件をみたすかみたさないかという標本では，この法則の主張は，大きな標本のある条件をみたす要素の相対度数と母比率はほぼ等しい，となります．

8 大数の法則と中心極限定理

命題 8.3 同じ試行を n 回独立に行うとき，ある事象の生起回数を S_n，この事象の真の生起確率 (母比率) を p とすると

$$\text{任意の } \varepsilon > 0 \text{ に対し } P\left(\left|\frac{S_n}{n} - p\right| \geq \varepsilon\right) \xrightarrow[n \to \infty]{} 0.$$

証明． ある事象を A とおき，試行の結果を $X = \begin{cases} 1 & (\text{A 起こる} \cdots p), \\ 0 & (\text{A 起こらず} \cdots 1-p) \end{cases} \sim \text{Be}(p)$ に従うとし，この試行を独立に繰返して結果を並べたものを $X_1, X_2, \ldots$ とすると

$$X_1, X_2, \ldots : \begin{array}{l} \text{母平均 } \mu = E[X] = p, \text{ 母分散 } V[X] = p(1-p) \\ \text{の母集団からの無作為標本}, \end{array}$$

$$\overline{X} = \frac{X_1 + \cdots + X_n}{n} = \frac{\text{A の生起回数}}{\text{試行回数}} = \frac{S_n}{n}$$

より，任意の $\varepsilon > 0$ に対し $P\left(\left|\frac{S_n}{n} - p\right| \geq \varepsilon\right) = P(|\overline{X} - \mu| \geq \varepsilon) \xrightarrow[n \to \infty]{\text{LLN}} 0.$ □

使い方 $\underbrace{p}_{(:\text{知りたい})} \overset{n:大}{\fallingdotseq} \underbrace{\frac{S_n}{n}}_{(:\frac{S_n}{n} \text{の実現値})}$ ．

問題 8.4 T さんが 50 回じゃんけんをした結果は以下の通りです．大数の法則から，T さんのグーを出す母比率を求めなさい．

大数の法則の証明のために，非負値 (とりうる値が 0 以上) の確率変数がある正数以上となる確率をその平均とある正数で評価する不等式を紹介します．

補題 8.5 (チェビシェフの不等式) 平均 (期待値)$E[X] = \mu$ の非負値の確率変数 X に対し

$$\text{任意の}\varepsilon > 0 \text{ に対し } P(X \geq \varepsilon) \leq \frac{\mu}{\varepsilon}$$

$$\left(\text{任意の}\varepsilon > 0 \text{ に対し } P(X \geq \varepsilon) \leq \frac{E[X]}{\varepsilon}\right).$$

証明． X が整数値 (離散型) 確率変数のとき，

x	0	1	2	$\cdots$	計
$P(X = x)$	$p(0)$	$p(1)$	$p(2)$	$\cdots$	1

とすると

$$\mu = \sum_{x=0}^{\infty} xp(x) \geq \sum_{x \geq \varepsilon} xp(x) \geq \varepsilon \sum_{x \geq \varepsilon} p(x) = \varepsilon P(X \geq \varepsilon) \Longrightarrow P(X \geq \varepsilon) \leq \frac{\mu}{\varepsilon}.$$

また，X が連続型確率変数のとき，密度関数を $p(x)$ とすると

$$\mu = \int_0^{\infty} xp(x)\,dx \geq \int_{\varepsilon}^{\infty} xp(x)\,dx \geq \varepsilon \int_{\varepsilon}^{\infty} p(x)\,dx = \varepsilon P(X \geq \varepsilon) \Longrightarrow P(X \geq \varepsilon) \leq \frac{\mu}{\varepsilon}.$$

□

証明． (大数の法則の証明)

$E[\overline{X}] = \mu$，$|\overline{X} - \mu|^2$ は非負値確率変数，$E\left[|\overline{X} - \mu|^2\right] = V[\overline{X}] = \dfrac{\sigma^2}{n}$

より

$$0 \leq P\left(|\overline{X} - \mu| \geq \varepsilon\right) = P\left(|\overline{X} - \mu|^2 \geq \varepsilon^2\right)$$

$$\leq \frac{E\left[|\overline{X} - \mu|^2\right]}{\varepsilon^2} = \frac{\frac{\sigma^2}{n}}{\varepsilon^2} = \frac{1}{n}\frac{\sigma^2}{\varepsilon^2} \xrightarrow[n \to \infty]{} 0.$$

はさみうちの原理 ($[a_n \leq c_n \leq b_n$ かつ $a_n, b_n \xrightarrow[n \to \infty]{} \alpha]$ ならば $c_n \xrightarrow[n \to \infty]{} \alpha$) より

$$P\left(|\overline{X} - \mu| \geq \varepsilon\right) \xrightarrow[n \to \infty]{} 0.$$

□

8.2 中心極限定理

統計学の数ある極限定理の中でセンターにいるのが中心極限定理 (Central Limit Theorem, CLT) です．正規母集団の標本平均の標準化は標準正規分布に従いました．中心極限定理は正規母集団でなくても大きな標本ではほぼ同じことがいえるというものです．この定理は定理 6.10 ですでに述べたものです．

> **定理 8.6** (中心極限定理) $X_1, X_2, \ldots$ を母平均 μ，母分散 σ^2 の母集団からの無作為標本とすると
> $$\frac{\overline{X} - \mu}{\sqrt{\frac{\sigma^2}{n}}} \underset{n \to \infty}{\sim} N(0, 1) \quad : \text{標本平均の標準化が標準正規分布に近づく．}$$

使い方 n が大きい ($n \geqq 50$) とき

$$\frac{\overline{X} - \mu}{\sqrt{\frac{\sigma^2}{n}}} \sim N(0, 1) : \text{標本平均の標準化は標準正規分布にほぼ従う，}$$

$$S_n = X_1 + \cdots + X_n \sim N\left(n\mu, n\sigma^2\right) : \begin{array}{l} \text{無作為標本の和は}\\ \text{平均が母平均の標本の大きさ倍，}\\ \text{分散が母分散の標本の大きさ倍}\\ \text{の正規分布にほぼ従う．} \end{array}$$

次の定理は，同じ試行を独立に繰返したとき，ある事象の生起回数は正規分布にほぼ従うというものです．さらに，同一試行の独立な繰返しでの着目事象の生起回数は二項分布に従うことから，二項分布の標準化が標準正規分布にほぼ従うともいえます．

> **定理 8.7** (ド・モアブル–ラプラスの定理) 同じ試行を n 回独立に行うとき，ある事象の生起回数を $S_n(\sim \text{Bi}(n, p))$，この事象の真の生起確率 (母比率) を p とすると
> $$\frac{S_n - np}{\sqrt{np(1-p)}} \sim \frac{\text{Bi}(n, p) - np}{\sqrt{np(1-p)}} \underset{n \to \infty}{\sim} N(0, 1) \quad : \begin{array}{l}\text{生起回数 (二項分布) の標準化}\\ \text{が標準正規分布に近づく．}\end{array}$$

この定理は歴史上はじめて発見された中心極限定理ですが，本書では発見の順番に逆らって，定理 8.6 を利用して証明します．

証明. ある事象を A とおき，試行の結果を $X = \begin{cases} 1 & (\text{A 起こる} \cdots p), \\ 0 & (\text{A 起こらず} \cdots 1-p) \end{cases} \sim$ Be(p) に従うとし，この試行を独立に繰返して結果を並べたものを $X_1, X_2, \ldots$ とすると

$$X_1, X_2, \ldots : \begin{array}{l} \text{母平均}\mu = \mathrm{E}[X] = p, \text{母分散}\sigma^2 = \mathrm{V}[X] = p(1-p) \\ \text{の母集団からの無作為標本,} \end{array}$$

$$\overline{X} = \frac{X_1 + \cdots + X_n}{n} = \frac{S_n}{n}, \quad \mathrm{E}[\overline{X}] = \mu = p, \quad \mathrm{V}[\overline{X}] = \frac{\sigma^2}{n} = \frac{p(1-p)}{n}$$

より，$\dfrac{S_n - np}{\sqrt{np(1-p)}} \stackrel{\text{分子分母}}{\underset{\div n}{=}} \dfrac{\frac{S_n}{n} - p}{\sqrt{\frac{p(1-p)}{n}}} = \dfrac{\overline{X} - \mu}{\sqrt{\frac{\sigma^2}{n}}} \underset{n \to \infty}{\overset{\text{CLT}}{\sim}} \mathrm{N}(0, 1).$ □

- **半整数補正:**

  二項分布を正規分布で近似するときのように，整数値確率変数 X の分布を連続型確率変数 Y の分布で近似して確率を計算するときに左右に 0.5 の幅を持たせて

$$\mathrm{P}(X = a) \fallingdotseq \mathrm{P}(a - 0.5 \leqq Y \leqq a + 0.5),$$
$$\mathrm{P}(a \leqq X \leqq b) \fallingdotseq \mathrm{P}(a - 0.5 \leqq Y \leqq b + 0.5)$$

のように近似することを半整数補正といいます．

使い方 (二項分布の正規分布による近似)

n が大きく ($n \geqq 50$)，A がある事象，試行の結果が 1 (A 起こる $\cdots p$)，0 (A 起こらず $\cdots 1-p$) に従い，この試行を独立に繰返して結果を並べたものが $X_1, X_2, \ldots$ のとき

$$S_n = X_1 + \cdots + X_n \sim \mathrm{Bi}(n, p) \overset{\text{ド・モアブル-ラプラスの定理}}{\sim} \mathrm{N}(np, np(1-p))$$

: A の生起回数は二項分布に従い，さらに
  その二項分布の平均と分散を持つ正規分布にほぼ従う．

これに半整数補正をして $\mathrm{P}(a \leqq S_n \leqq b) \fallingdotseq \mathrm{P}(a - 0.5 \leqq \mathrm{N}(np, np(1-p)) \leqq b + 0.5)$．

問題 8.8 公平なコインを 400 回投げるとき，表が 180 回以上 210 回以下の回数出る確率を二項分布の正規分布による近似を用いて求めなさい．

第 9 章
点推定と区間推定

9.1 点推定

　母集団の未知母数 θ (μ や σ^2 や p など) を，母集団からの大きさ n の標本 $X_1,\ldots,X_n$ から，統計量 $\Theta(X_1,\ldots,X_n)$ を作り，そこに標本の実現値 $x_1,\ldots,x_n$ を代入して求めた統計量の実現値 $\Theta(x_1,\ldots,x_n)$ である，と推定する方法を点推定 (point estimation) といいます．$\Theta(X_1,\ldots,X_n)$ を推定量，$\Theta(x_1,\ldots,x_n)$ を推定値といいます．例えば，未知母数の推定を宝物探しというなら，点推定とは「宝物は N 公園の右から 2 つ目のベンチの下に埋まっている」というように宝物のありかを点で推定する方法といえます．

例 9.1　母集団 (母平均 μ, 母分散 σ^2) からの無作為標本を $X_1,\ldots,X_n$ とすると，μ の推定量として $\overline{X}$，σ^2 の推定量として S^2 や U^2 などがあります．

9.2 区間推定

　母集団の未知母数 θ を，母集団からの大きさ n の標本 $X_1,\ldots,X_n$ から，2 つの統計量 c_1,c_2 を作り，高い確率で θ が区間 $[c_1,c_2]$ 内に含まれる，と推定する方法を区間推定 (interval estimation) といいます．例えば，未知母数の推定を宝物探しというなら，区間推定とは「九割九分宝物は N 公園の中にある」というように宝物のありかを高確率でありそうな区間 (範囲) で推定する方法といえます．

$\mathrm{P}(c_1 \leqq \theta \leqq c_2) = 1 - \alpha$, ：$\theta$ は高確率 $1-\alpha$ で c_1 以上 c_2 以下の区間にある，
$[c_1, c_2]$：θ の $100 \times (1-\alpha)$ ％信頼区間 (confidence interval),
$100 \times (1-\alpha)$ ％：$[c_1,c_2]$ の信頼係数 (confidence coefficient).

(a) $1-\alpha = 0.95$ では，$\mathrm{P}(c_1 \leqq \theta \leqq c_2) = 0.95$, $[c_1,c_2]$ は θ の 95％信頼区間です．
(b) $1-\alpha = 0.99$ では，$\mathrm{P}(c_1 \leqq \theta \leqq c_2) = 0.99$, $[c_1,c_2]$ は θ の 99％信頼区間です．

9.3 母平均の区間推定

正規母集団の母平均の区間推定法を紹介します．数式的には，$X_1,\ldots,X_n$ を $N(\mu,\sigma^2)$ からの無作為標本 として $P(c_1 \leqq \mu \leqq c_2) = 1-\alpha$ となる $[c_1,c_2]$ を求めます．まずは母分散が既知の場合の母平均の信頼区間の公式を紹介します．

母分散が既知の場合の母平均の信頼区間の公式

正規母集団 $N(\mu,\sigma^2)$ の σ^2 が既知の場合の μ の $100\times(1-\alpha)\,\%$ 信頼区間は

$$\left[\overline{X} - z\left(\frac{\alpha}{2}\right)\sqrt{\frac{\sigma^2}{n}},\ \overline{X} + z\left(\frac{\alpha}{2}\right)\sqrt{\frac{\sigma^2}{n}}\right],\quad z\left(\frac{\alpha}{2}\right) \text{は } P(N(0,1) \geqq z) = \frac{\alpha}{2} \text{ となる } z.$$

求め方 $\dfrac{\overline{X}-\mu}{\sqrt{\frac{\sigma^2}{n}}} \sim N(0,1)$ を中心にし，事象を μ 中心に変形し，実現値を代入します．

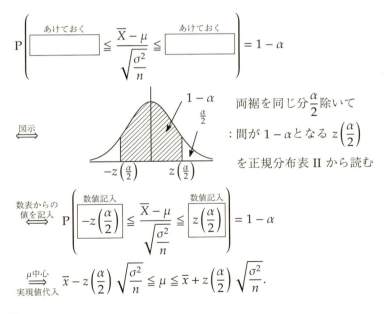

問題 9.2 あるメーカーの自動車のガソリン 1 リットルあたりの走行距離 (km) は標準偏差 $\sigma = 0.50$ の正規分布に従います．あるとき 10 台を無作為抽出して調べたところ，次の結果を得ました．母平均 μ の 99 % 信頼区間を求めなさい．

17.5 18.0 18.3 17.7 18.5 18.0 18.6 17.2 18.7 18.2

次に母分散が未知の場合の母平均の信頼区間の公式を紹介します．

母分散が未知の場合の母平均の信頼区間の公式

正規母集団 $N(\mu, \sigma^2)$ の σ^2 が未知の場合の μ の $100 \times (1-\alpha)\%$ 信頼区間は

$$\left[\overline{X} - t_{n-1}\left(\frac{\alpha}{2}\right)\sqrt{\frac{U^2}{n}},\ \overline{X} + t_{n-1}\left(\frac{\alpha}{2}\right)\sqrt{\frac{U^2}{n}}\right],\quad t_{n-1}\left(\frac{\alpha}{2}\right) は P(t_{n-1} \geq z) = \frac{\alpha}{2} となる z.$$

求め方 $\dfrac{\overline{X} - \mu}{\sqrt{\dfrac{U^2}{n}}} \sim t_{n-1}$ を中心にし，事象を μ 中心に変形し，実現値を代入します．(標本が大きい ($n \geq 50$) ときは t_{n-1} を $N(0,1)$ で代用できます (問題 13.8).)

$$P\left(\boxed{あけておく} \leq \frac{\overline{X} - \mu}{\sqrt{\dfrac{U^2}{n}}} \leq \boxed{あけておく}\right) = 1 - \alpha$$

$\overset{図示}{\Longleftrightarrow}$ 両裾を同じ分 $\dfrac{\alpha}{2}$ 除いて：間が $1-\alpha$ となる $t_{n-1}\left(\dfrac{\alpha}{2}\right)$ を t 分布表から読む

$\overset{数表からの値を記入}{\Longleftrightarrow}$ $P\left(\boxed{-t_{n-1}\left(\dfrac{\alpha}{2}\right)} \leq \dfrac{\overline{X} - \mu}{\sqrt{\dfrac{U^2}{n}}} \leq \boxed{t_{n-1}\left(\dfrac{\alpha}{2}\right)}\right) = 1 - \alpha$

$\overset{\mu中心}{\underset{実現値代入}{\Longleftrightarrow}}$ $\overline{x} - t_{n-1}\left(\dfrac{\alpha}{2}\right)\sqrt{\dfrac{u^2}{n}} \leq \mu \leq \overline{x} + t_{n-1}\left(\dfrac{\alpha}{2}\right)\sqrt{\dfrac{u^2}{n}}.$

問題 9.3 工場に新しい機械を入れてボルトを作りました．製品の中から 20 本無作為抽出してその長さ (cm) を測ったところ，以下のデータを得ました．

2.84, 2.35, 3.16, 2.52, 2.26, 1.87, 2.96, 2.90, 2.21, 2.59,
2.76, 2.16, 2.46, 2.77, 2.25, 2.96, 2.06, 2.27, 2.47, 2.54

ボルトの長さが正規分布に従うとき，母平均の 99% 信頼区間を求めなさい．

9.4 母分散の区間推定

正規母集団の母分散の区間推定法を紹介します．数式的には，$X_1, \ldots, X_n$ を $N(\mu, \sigma^2)$ からの無作為標本として $P(c_1 \leqq \sigma^2 \leqq c_2) = 1 - \alpha$ となる $[c_1, c_2]$ を求めます．まずは母分散の信頼区間の公式を紹介します．

母分散の信頼区間の公式

正規母集団 $N(\mu, \sigma^2)$ の σ^2 の $100 \times (1-\alpha)\%$ 信頼区間は

$$\left[\frac{(n-1)U^2}{\chi^2_{n-1}\left(\frac{\alpha}{2}\right)}, \frac{(n-1)U^2}{\chi^2_{n-1}\left(1-\frac{\alpha}{2}\right)}\right], \quad \chi^2_{n-1}(\beta) \text{ は } P(\chi^2_{n-1} \geqq z) = \beta \text{ となる } z.$$

求め方 $\dfrac{(n-1)U^2}{\sigma^2} \sim \chi^2_{n-1}$ を中心にし，事象を σ^2 中心に変形し，実現値を代入します．

$$P\left(\underset{\text{あけておく}}{\boxed{}} \leqq \frac{(n-1)U^2}{\sigma^2} \leqq \underset{\text{あけておく}}{\boxed{}}\right) = 1 - \alpha$$

図示 $\Longrightarrow$ 両裾を同じ分 $\dfrac{\alpha}{2}$ 除いて間が $1-\alpha$ となる $\chi^2_{n-1}\left(1-\dfrac{\alpha}{2}\right), \chi^2_{n-1}\left(\dfrac{\alpha}{2}\right)$ を χ^2 分布表から読む

$\underset{\text{値を記入}}{\overset{\text{数表からの}}{\Longleftrightarrow}} P\left(\boxed{\chi^2_{n-1}\left(1-\frac{\alpha}{2}\right)} \leqq \frac{(n-1)U^2}{\sigma^2} \leqq \boxed{\chi^2_{n-1}\left(\frac{\alpha}{2}\right)}\right) = 1 - \alpha$

$\underset{\text{実現値代入}}{\overset{\sigma^2 \text{中心}}{\Longrightarrow}} \dfrac{(n-1)u^2}{\chi^2_{n-1}\left(\frac{\alpha}{2}\right)} \leqq \sigma^2 \leqq \dfrac{(n-1)u^2}{\chi^2_{n-1}\left(1-\frac{\alpha}{2}\right)}.$

問題 9.4 工場に新しい機械を入れてボルトを作りました．製品の中から 20 本無作為抽出してその長さ (cm) を測ったところ，以下のデータを得ました．

2.84, 2.35, 3.16, 2.52, 2.26, 1.87, 2.96, 2.90, 2.21, 2.59,
2.76, 2.16, 2.46, 2.77, 2.25, 2.96, 2.06, 2.27, 2.47, 2.54

ボルトの長さが正規分布に従うとき，母分散の 99% 信頼区間を求めなさい．

9.5 母分散の比の区間推定

独立な 2 つの正規母集団の母分散の比の区間推定法を紹介します．数式的には，$X_1,\ldots,X_{n_A}$ を $\mathrm{N}(\mu_A,\sigma_A^2)$ からの無作為標本，その不偏分散を U_A^2, $Y_1,\ldots,Y_{n_B}$ を $\mathrm{N}(\mu_B,\sigma_B^2)$ からの無作為標本，その不偏分散を U_B^2 として $\mathrm{P}\left(c_1 \leqq \dfrac{\sigma_A^2}{\sigma_B^2} \leqq c_2\right) = 1-\alpha$ となる $[c_1,c_2]$ を求めます．まずは母分散の比の信頼区間の公式を紹介します．

母分散の比の信頼区間の公式

独立な 2 つの正規母集団 $\mathrm{N}(\mu_A,\sigma_A^2), \mathrm{N}(\mu_B,\sigma_B^2)$ の $\dfrac{\sigma_A^2}{\sigma_B^2}$ の $100\times(1-\alpha)\%$ 信頼区間は

$$\left[\mathrm{F}_{n_A-1}^{n_B-1}\left(1-\dfrac{\alpha}{2}\right)\dfrac{U_A^2}{U_B^2},\ \mathrm{F}_{n_A-1}^{n_B-1}\left(\dfrac{\alpha}{2}\right)\dfrac{U_A^2}{U_B^2}\right],\quad \mathrm{F}_l^k(\beta) \text{ は } \mathrm{P}\left(\mathrm{F}_l^k \geqq z\right)=\beta \text{ となる } z.$$

求め方 $\dfrac{U_B^2}{\sigma_B^2}\Big/\dfrac{U_A^2}{\sigma_A^2} \sim \mathrm{F}_{n_A-1}^{n_B-1}$ を中心にし，事象を $\dfrac{\sigma_A^2}{\sigma_B^2}$ 中心に変形し，実現値を代入します．

$$\mathrm{P}\left(\boxed{\text{あけておく}} \leqq \dfrac{U_B^2}{\sigma_B^2}\Big/\dfrac{U_A^2}{\sigma_A^2} \leqq \boxed{\text{あけておく}}\right) = 1-\alpha$$

$\overset{\text{図示}}{\Longleftrightarrow}$ 両裾を同じ分 $\dfrac{\alpha}{2}$ 除いて間が $1-\alpha$ となる $\mathrm{F}_{n_A-1}^{n_B-1}\left(1-\dfrac{\alpha}{2}\right), \mathrm{F}_{n_A-1}^{n_B-1}\left(\dfrac{\alpha}{2}\right)$ を F 分布表から読む

$\overset{\text{数表からの値を記入}}{\Longleftrightarrow} \mathrm{P}\left(\boxed{\mathrm{F}_{n_A-1}^{n_B-1}\left(1-\dfrac{\alpha}{2}\right)} \leqq \dfrac{U_B^2}{\sigma_B^2}\Big/\dfrac{U_A^2}{\sigma_A^2} \leqq \boxed{\mathrm{F}_{n_A-1}^{n_B-1}\left(\dfrac{\alpha}{2}\right)}\right) = 1-\alpha$

$\overset{\sigma_A^2/\sigma_B^2 \text{中心}}{\underset{\text{実現値代入}}{\Longrightarrow}} \mathrm{F}_{n_A-1}^{n_B-1}\left(1-\dfrac{\alpha}{2}\right)\dfrac{u_A^2}{u_B^2} \leqq \dfrac{\sigma_A^2}{\sigma_B^2} \leqq \mathrm{F}_{n_A-1}^{n_B-1}\left(\dfrac{\alpha}{2}\right)\dfrac{u_A^2}{u_B^2}.$

本書には右裾の面積が 0.05 か 0.01 の表しかありませんので，F 分布の自由度の入れ替えをした公式と求め方も紹介しておきます．

自由度の入れ替えをした母分散の比の信頼区間の公式

独立な 2 つの正規母集団 $N(\mu_A, \sigma_A^2), N(\mu_B, \sigma_B^2)$ の $\dfrac{\sigma_A^2}{\sigma_B^2}$ の $100 \times (1-\alpha)\%$ 信頼区間は

$$\left[\frac{1}{F_{n_B-1}^{n_A-1}\left(\frac{\alpha}{2}\right)} \frac{U_A^2}{U_B^2},\ F_{n_A-1}^{n_B-1}\left(\frac{\alpha}{2}\right) \frac{U_A^2}{U_B^2} \right], \quad F_l^k\left(\frac{\alpha}{2}\right) \text{は } P\left(F_l^k \geqq z\right) = \frac{\alpha}{2} \text{ となる } z.$$

求め方 $\dfrac{U_B^2}{\sigma_B^2} \Big/ \dfrac{U_A^2}{\sigma_A^2} \sim F_{n_A-1}^{n_B-1}$ を中心にし，事象を $\dfrac{\sigma_A^2}{\sigma_B^2}$ 中心に変形し，実現値を代入します．

$$P\left(\boxed{\text{あけておく}} \leqq \frac{U_B^2}{\sigma_B^2} \Big/ \frac{U_A^2}{\sigma_A^2} \leqq \boxed{\text{あけておく}} \right) = 1 - \alpha$$

$\xRightarrow{\text{図示}}$

両裾を同じ分 $\dfrac{\alpha}{2}$ 除いて間が $1-\alpha$ となる $F_{n_A-1}^{n_B-1}\left(1 - \dfrac{\alpha}{2}\right) = \dfrac{1}{F_{n_B-1}^{n_A-1}\left(\dfrac{\alpha}{2}\right)}$，$F_{n_A-1}^{n_B-1}\left(\dfrac{\alpha}{2}\right)$ を F 分布表から読む

$\xRightarrow[\text{値を記入}]{\text{数表からの}}$ $P\left(\dfrac{1}{F_{n_B-1}^{n_A-1}\left(\frac{\alpha}{2}\right)} \leqq \dfrac{U_B^2}{\sigma_B^2} \Big/ \dfrac{U_A^2}{\sigma_A^2} \leqq F_{n_A-1}^{n_B-1}\left(\frac{\alpha}{2}\right) \right) = 1 - \alpha$

$\xRightarrow[\text{実現値代入}]{\sigma_A^2/\sigma_B^2 \text{中心}}$ $\dfrac{1}{F_{n_B-1}^{n_A-1}\left(\frac{\alpha}{2}\right)} \dfrac{u_A^2}{u_B^2} \leqq \dfrac{\sigma_A^2}{\sigma_B^2} \leqq F_{n_A-1}^{n_B-1}\left(\frac{\alpha}{2}\right) \dfrac{u_A^2}{u_B^2}.$

問題 9.5 A, B 国からそれぞれ無作為に抽出された 10 人の身長 (cm) は以下の通りでした．

A 国 : 159, 163, 164, 165, 166, 164, 162, 162, 170, 164,
B 国 : 171, 165, 165, 170, 179, 174, 181, 172, 171, 177

A, B 国民の身長がそれぞれ独立な正規分布 $N(\mu_A, \sigma_A^2), N(\mu_B, \sigma_B^2)$ に従うとき，$\dfrac{\sigma_A^2}{\sigma_B^2}$ の 98% 信頼区間を求めなさい．

9.6 母比率の区間推定

母集団のある条件をみたす母比率の区間推定法を紹介します．数式的には，$X_1, \ldots, X_n$ を母集団からの大きな無作為標本 ($n \geq 50$) とし，ある条件を A とおき，標本の各要素を 1 (A 起こる$\cdots p$), 0 (A 起こらず$\cdots 1-p$) $\sim$ Be(p) に従うとし，$S_n = X_1 + \cdots + X_n$ として $P(c_1 \leq p \leq c_2) = 1 - \alpha$ となる $[c_1, c_2]$ を求めます．まずは母比率の信頼区間の公式を紹介します．

母比率の信頼区間の公式

母集団のある条件をみたす母比率 p の $100 \times (1-\alpha)\%$ 信頼区間は

$$\left[\frac{S_n}{n} - z\left(\frac{\alpha}{2}\right)\frac{1}{2\sqrt{n}},\ \frac{S_n}{n} + z\left(\frac{\alpha}{2}\right)\frac{1}{2\sqrt{n}}\right], \quad z\left(\frac{\alpha}{2}\right) \text{は } P(N(0,1) \geq z) = \frac{\alpha}{2} \text{ となる } z.$$

求め方 $\dfrac{S_n - np}{\sqrt{np(1-p)}} \underset{n \geq 50}{\sim} N(0,1)$ を中心にし，事象を分子の p 中心に変形し，実現値を代入し，残りの $\sqrt{p(1-p)}$ を最大値 $\frac{1}{2}$ に置換します (このため区間はやや広がります)．

$$P\left(\boxed{\text{あけておく}} \leq \frac{S_n - np}{\sqrt{np(1-p)}} \leq \boxed{\text{あけておく}}\right) = 1 - \alpha$$

$\overset{\text{図示}}{\Longleftrightarrow}$ 両裾を同じ分 $\frac{\alpha}{2}$ 除いて：間が $1-\alpha$ となる $z\left(\frac{\alpha}{2}\right)$ を正規分布表 II から読む

$\overset{\text{数表からの}}{\underset{\text{値を記入}}{\Longleftrightarrow}} P\left(\boxed{-z\left(\frac{\alpha}{2}\right)} \leq \frac{S_n - np}{\sqrt{np(1-p)}} \leq \boxed{z\left(\frac{\alpha}{2}\right)}\right) = 1 - \alpha$

$\overset{\text{分子の } p \text{ 中心}}{\underset{\text{実現値代入}}{\overset{\sqrt{p(1-p)} \to \frac{1}{2}}{\Longrightarrow}}} \dfrac{s_n - z\left(\frac{\alpha}{2}\right)\frac{\sqrt{n}}{2}}{n} \leq p \leq \dfrac{s_n + z\left(\frac{\alpha}{2}\right)\frac{\sqrt{n}}{2}}{n}$

$\left(\Longleftrightarrow \dfrac{s_n}{n} - z\left(\frac{\alpha}{2}\right)\frac{1}{2\sqrt{n}} \leq p \leq \dfrac{s_n}{n} + z\left(\frac{\alpha}{2}\right)\frac{1}{2\sqrt{n}}\right).$

問題 9.6 300 人の喫煙者のうち 72 人が銘柄 P を普段吸っていると答えました．全喫煙者のうち，銘柄 P の常用者の比率の 95% 信頼区間を求めなさい．

第 10 章
推定量の性質

前章の点推定の節で，母集団の未知母数 θ の推定量 $\Theta = \Theta(X_1, \ldots, X_n)$ をいくつか紹介しました．この章ではそれらの推定量の持つべき望ましい性質を紹介します．

10.1 不偏性

推定量の実現値 (推定値) が母数を中心にして偏りなく現れる場合，不偏性 (unbiasedness) を持つといいます．つまり

$$\Theta は \theta の不偏推定量 \iff \mathrm{E}[\Theta] = \theta : 平均的には母数が得られる．$$

例 10.1
母平均 μ，母分散 σ^2 の母集団からの無作為標本を $X_1, \ldots, X_n$ とすると標本平均の平均は母平均であることから，$\overline{X}$ は μ の不偏推定量です．また，

$$\mathrm{E}[\overline{X^2}] = \mathrm{E}[X_i^2] = \mathrm{V}[X_i] + \mathrm{E}[X_i]^2 = \sigma^2 + \mu^2, \quad \mathrm{E}[\overline{X}^2] = \mathrm{V}[\overline{X}] + \mathrm{E}[\overline{X}]^2 = \frac{\sigma^2}{n} + \mu^2,$$

$$\mathrm{E}[U^2] = \frac{n}{n-1}\left(\mathrm{E}[\overline{X^2}] - \mathrm{E}[\overline{X}^2]\right) = \frac{n}{n-1}\left[(\sigma^2 + \mu^2) - \left(\frac{\sigma^2}{n} + \mu^2\right)\right] = \sigma^2$$

から U^2 は σ^2 の不偏推定量です．一見偏っていそうな不偏分散はこの理由で「不偏」分散といいます．一方，

$$\mathrm{E}[S^2] = \mathrm{E}[\overline{X^2}] - \mathrm{E}[\overline{X}^2] = (\sigma^2 + \mu^2) - \left(\frac{\sigma^2}{n} + \mu^2\right) = \frac{n-1}{n}\sigma^2 \neq \sigma^2$$

から S^2 は σ^2 の不偏推定量ではありません．

10.2 有効性

ひとつの母数に対して不偏推定量は複数ある場合があります．その場合は推定値が母数の近くに現れやすいほうが効果的な推定量といえます．つまり，θ の不偏推定量 Θ_1, Θ_2 （つまり $E[\Theta_1] = E[\Theta_2] = \theta$）に対し分散 $V[\Theta_i] = E[(\Theta_i - \theta)^2]$ を用いて

$$\Theta_1 \text{ は } \Theta_2 \text{ より有効である} \iff V[\Theta_1] < V[\Theta_2]$$

: 分散 (母数からのズレの二乗の期待値) が小さいほうが有効

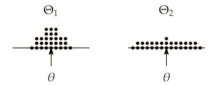

と定めます．分散 (母数からのズレの二乗の期待値) が最小である場合，有効性 (efficiency) を持つといいます．

Θ は θ の有効推定量 $\iff$ すべての Θ' (: θ の不偏推定量) に対し $V[\Theta] \leq V[\Theta']$
$\iff$ Θ は θ の不偏推定量の中で最も分散が小さいもの

ということです．有効推定量を素朴に見つけるなら，不偏推定量をすべて見つけ，すべての不偏推定量の分散を計算し，分散が最小の不偏推定量を見つける，という流れになりますが，これは現実的な見つけ方ではありません．ところが次の不等式を用いると簡単に有効推定量が見つかる場合があります．

定理 10.2 (クラメール–ラオの不等式) 未知母数 θ を持つ母集団 X の密度関数を $p(x, \theta)$, この母集団からの無作為標本を $X_1, \ldots, X_n$, θ の不偏推定量を $\Theta = \Theta(X_1, \ldots, X_n)$ とする．このとき，ある良い条件 (証明参照) の下で以下の不等式が成立する．

$$V[\Theta] \geq \frac{1}{n E\left[\left(\frac{\partial \log p(X, \theta)}{\partial \theta}\right)^2\right]} =: \sigma_0^2 \qquad : \Theta \text{ の分散は } \sigma_0^2 \text{ を下回ることはない．}$$

上式の，$E\left[\left(\frac{\partial \log p(X, \theta)}{\partial \theta}\right)^2\right]$ を X のフィッシャー情報量，σ_0^2 をクラメール–ラオの下限という．

10.2 有効性

証明.

$$L(\theta) = L(X_1, \ldots, X_n, \theta) = p(X_1, \theta) \cdots p(X_n, \theta),$$
$$l(\theta) = L(x_1, \ldots, x_n, \theta) = p(x_1, \theta) \cdots p(x_n, \theta)$$

とおく．一般に $\int_{-\infty}^{\infty} \cdots \int_{-\infty}^{\infty} g(x_1, \ldots, x_n, \theta) l(\theta) \, dx_1 \cdots dx_n = \mathrm{E}[g(X_1, \ldots, X_n, \theta)]$ より

$$\begin{bmatrix} 1 = \left[\int_{-\infty}^{\infty} p(x_1, \theta) \, dx_1\right] \cdots \left[\int_{-\infty}^{\infty} p(x_n, \theta) \, dx_n\right] \\ = \int_{-\infty}^{\infty} \cdots \int_{-\infty}^{\infty} \underbrace{p(x_1, \theta) \cdots p(x_n, \theta)}_{(=l(\theta))} dx_1 \cdots dx_n \end{bmatrix}$$

$\underset{\theta \text{で微分}}{\overset{両辺を}{\Longrightarrow}}$
$$\begin{bmatrix} 0 = \dfrac{d}{d\theta} \int_{-\infty}^{\infty} \cdots \int_{-\infty}^{\infty} l(\theta) \, dx_1 \cdots dx_n \\ \overset{良い条件}{=} \int_{-\infty}^{\infty} \cdots \int_{-\infty}^{\infty} \dfrac{\partial l(\theta)}{\partial \theta} dx_1 \cdots dx_n \overset{対数}{\underset{微分法}{=}} \mathrm{E}\left[\dfrac{\partial \log L(\theta)}{\partial \theta}\right] \end{bmatrix}$$

$\underset{\text{としてかける}}{\overset{\theta \text{を定数}}{\Longrightarrow}}$
$\theta \cdot 0 = \theta \mathrm{E}\left[\dfrac{\partial \log L(\theta)}{\partial \theta}\right] \overset{期待値の}{\underset{線形性}{\Longleftrightarrow}} 0 = \mathrm{E}\left[\theta \dfrac{\partial \log L(\theta)}{\partial \theta}\right].$

ここで，対数微分法とは $\dfrac{\partial l(\theta)}{\partial \theta} = \dfrac{\partial \log l(\theta)}{\partial \theta} l(\theta)$ のことである．同様にして，一般に $\int_{-\infty}^{\infty} g(x_i, \theta) p(x_i, \theta) \, dx_i = \mathrm{E}[g(X_i, \theta)]$ より

$$\mathrm{E}\left[\theta \dfrac{\partial \log p(X, \theta)}{\partial \theta}\right] \overset{X_i \sim X}{=} \mathrm{E}\left[\theta \dfrac{\partial \log p(X_i, \theta)}{\partial \theta}\right] = 0.$$

また，$\hat{\Theta} = \Theta(x_1, \ldots, x_n)$ とおくと

$$\theta = \mathrm{E}[\Theta] = \int_{-\infty}^{\infty} \cdots \int_{-\infty}^{\infty} \hat{\Theta} \underbrace{p(x_1, \theta) \cdots p(x_n, \theta)}_{(=l(\theta))} dx_1 \cdots dx_n$$

$\underset{\theta \text{で微分}}{\overset{両辺を}{\Longrightarrow}}$
$$\begin{bmatrix} 1 = \dfrac{d}{d\theta} \int_{-\infty}^{\infty} \cdots \int_{-\infty}^{\infty} \hat{\Theta} l(\theta) \, dx_1 \cdots dx_n \\ \overset{良い条件}{=} \int_{-\infty}^{\infty} \cdots \int_{-\infty}^{\infty} \hat{\Theta} \dfrac{\partial l(\theta)}{\partial \theta} dx_1 \cdots dx_n \overset{対数}{\underset{微分法}{=}} \mathrm{E}\left[\hat{\Theta} \dfrac{\partial \log L(\theta)}{\partial \theta}\right] \end{bmatrix}$$

なので

$$1 - 0 = \mathrm{E}\left[\Theta \frac{\partial \log L(\theta)}{\partial \theta}\right] - \mathrm{E}\left[\theta \frac{\partial \log L(\theta)}{\partial \theta}\right] = \mathrm{E}\left[(\Theta - \theta) \frac{\partial \log L(\theta)}{\partial \theta}\right]$$

$$\underset{\text{両辺二乗}}{\Longrightarrow} \left[\begin{aligned} 1 &= \mathrm{E}\left[(\Theta - \theta) \frac{\partial \log L(\theta)}{\partial \theta}\right]^2 \underset{\text{の不等式}}{\overset{\text{コーシー-シュワルツ}}{\leqq}} \mathrm{E}\left[(\Theta - \theta)^2\right] \mathrm{E}\left[\left(\frac{\partial \log L(\theta)}{\partial \theta}\right)^2\right] \\ &= \mathrm{V}[\Theta] \mathrm{V}\left[\frac{\partial \log L(\theta)}{\partial \theta}\right] \quad \left(\mathrm{E}\left[\frac{\partial \log L(\theta)}{\partial \theta}\right] = 0 \text{ より}\right) \end{aligned} \right]$$

$$\Longrightarrow \mathrm{V}[\Theta] \geqq \frac{1}{\mathrm{V}\left[\frac{\partial \log L(\theta)}{\partial \theta}\right]}.$$

そして

$$\frac{\partial \log L(\theta)}{\partial \theta} = \frac{\partial}{\partial \theta} \sum_{i=1}^{n} \log p(X_i, \theta) = \sum_{i=1}^{n} \frac{\partial \log p(X_i, \theta)}{\partial \theta},$$

$$\mathrm{V}\left[\frac{\partial \log p(X, \theta)}{\partial \theta}\right] = \mathrm{E}\left[\left(\frac{\partial \log p(X, \theta)}{\partial \theta}\right)^2\right] \quad \left(\mathrm{E}\left[\theta \frac{\partial \log p(X, \theta)}{\partial \theta}\right] = 0 \text{ より}\right)$$

なので

$$\mathrm{V}\left[\frac{\partial \log L(\theta)}{\partial \theta}\right] \overset{\text{分散の加法性}}{=} \sum_{i=1}^{n} \mathrm{V}\left[\frac{\partial \log p(X_i, \theta)}{\partial \theta}\right] \overset{\text{各 } X_i \sim X}{=} \sum_{i=1}^{n} \mathrm{V}\left[\frac{\partial \log p(X, \theta)}{\partial \theta}\right]$$

$$= \sum_{i=1}^{n} \mathrm{E}\left[\left(\frac{\partial \log p(X, \theta)}{\partial \theta}\right)^2\right] = n \mathrm{E}\left[\left(\frac{\partial \log p(X, \theta)}{\partial \theta}\right)^2\right].$$

以上まとめると $\mathrm{V}[\Theta] \geqq \dfrac{1}{n \mathrm{E}\left[\left(\dfrac{\partial \log p(X, \theta)}{\partial \theta}\right)^2\right]}.$ □

使い方

ある母数 θ の不偏推定量 Θ について，この Θ の分散と下回らない値 σ_0^2 を計算してみて，もし一致したら分散は最小値である，すなわち Θ は有効推定量であると結論できます．つまり

$$\mathrm{V}[\Theta] = \sigma_0^2 \Longrightarrow \Theta \text{ は } \theta \text{ の有効推定量}.$$

問題 10.3 正規母集団 $X \sim \mathrm{N}(\mu, \sigma^2)$ からの無作為標本を $X_1, \ldots, X_n$ とします．標本平均 $\overline{X}$ は μ の不偏推定量です．では $\overline{X}$ は μ の有効推定量ですか？

10.3 一致性

母数とその推定量にはズレがあるという確率が標本を大きくすると 0 に近づいている場合，一致性 (consistency) を持つといいます．つまり

$\Theta = \Theta(X_1, \ldots, X_n)$ は θ の一致推定量
$\iff$ 任意の $\varepsilon > 0$ に対して $P(|\Theta - \theta| \geqq \varepsilon) \xrightarrow[n \to \infty]{} 0$.

例 10.4 母平均 μ，母分散 σ^2，$E[X^4] < \infty$ の母集団 X からの無作為標本を $X_1, \ldots, X_n$ とします．

(a) $\overline{X}$ は μ の一致推定量: 任意の $\varepsilon > 0$ に対し $P(|\overline{X} - \mu| \geqq \varepsilon) \xrightarrow[n \to \infty]{\text{LLN}} 0$.

(b) S^2 は σ^2 の一致推定量: まず，$(X_1 - \mu)^2, (X_2 - \mu)^2, \ldots$ は母平均 $E[(X-\mu)^2] = \sigma^2$，母分散 $V[(X-\mu)^2] < \infty$ の母集団からの無作為標本といえますので，

$$\text{任意の } \varepsilon > 0 \text{ に対し } P\left(\left|\frac{1}{n}\sum_{i=1}^n (X_i - \mu)^2 - \sigma^2\right| \geqq \varepsilon\right) \xrightarrow[n \to \infty]{\text{LLN}} 0 \tag{10.1}$$

といえます．ここで，

$$S^2 = \frac{1}{n}\sum_{i=1}^n \left[(X_i - \mu) - (\overline{X} - \mu)\right]^2 = \frac{1}{n}\sum_{i=1}^n (X_i - \mu)^2 - (\overline{X} - \mu)^2$$

より，三角不等式 ($|a \pm b| \leqq |a| + |b|$) を利用すると

$$|S^2 - \sigma^2| = \left|\left[\frac{1}{n}\sum_{i=1}^n (X_i - \mu)^2 - \sigma^2\right] - (\overline{X} - \mu)^2\right| \leqq \left|\frac{1}{n}\sum_{i=1}^n (X_i - \mu)^2 - \sigma^2\right| + |\overline{X} - \mu|^2.$$

ゆえに，任意の $\varepsilon > 0$ に対し「$\left[A < \frac{\varepsilon}{2} \text{ かつ } B < \frac{\varepsilon}{2}\right] \implies A + B < \varepsilon$」の対偶「$A + B \geqq \varepsilon \implies \left[A \geqq \frac{\varepsilon}{2} \text{ または } B \geqq \frac{\varepsilon}{2}\right]$」を利用すると

$$\left\{|S^2 - \sigma^2| \geqq \varepsilon\right\} \subset \left\{\left|\frac{1}{n}\sum_{i=1}^n (X_i - \mu)^2 - \sigma^2\right| \geqq \frac{\varepsilon}{2}\right\} \cup \left\{|\overline{X} - \mu|^2 \geqq \frac{\varepsilon}{2}\right\}$$

$$= \left\{\left|\frac{1}{n}\sum_{i=1}^n (X_i - \mu)^2 - \sigma^2\right| \geqq \frac{\varepsilon}{2}\right\} \cup \left\{|\overline{X} - \mu| \geqq \sqrt{\frac{\varepsilon}{2}}\right\}$$

といえますので (10.1) と (a) より

$$P\left(|S^2 - \sigma^2| \geqq \varepsilon\right) \leqq P\left(\left|\frac{1}{n}\sum_{i=1}^n (X_i - \mu)^2 - \sigma^2\right| \geqq \frac{\varepsilon}{2}\right) + P\left(|\overline{X} - \mu| \geqq \sqrt{\frac{\varepsilon}{2}}\right) \xrightarrow[n \to \infty]{} 0.$$

(c) U^2 は σ^2 の一致推定量:(b) を利用するために

$$U^2 - \sigma^2 = \frac{n}{n-1}S^2 - \sigma^2 = \frac{n}{n-1}(S^2 - \sigma^2) + \frac{\sigma^2}{n-1}$$

と変形します.すると任意の $\varepsilon > 0$ と $n \geq 2$ かつ $\frac{\sigma^2}{n-1} \leq \frac{\varepsilon}{2}$ をみたす n に対し三角不等式から

$$\left\{ |U^2 - \sigma^2| \geq \varepsilon \right\} \subset \left\{ \frac{n}{n-1}|S^2 - \sigma^2| + \frac{\sigma^2}{n-1} \geq \varepsilon \right\}$$

$$= \left\{ |S^2 - \sigma^2| \geq \frac{n-1}{n}\left(\varepsilon - \frac{\sigma^2}{n-1}\right) \right\} \subset \left\{ |S^2 - \sigma^2| \geq \frac{\varepsilon}{4} \right\}$$

といえますので (b) より

$$P\left(|U^2 - \sigma^2| \geq \varepsilon\right) \leq P\left(|S^2 - \sigma^2| \geq \frac{\varepsilon}{4}\right) \xrightarrow[n \to \infty]{} 0.$$

注 10.5 大数の法則が成り立つという性質を一致性といいました.さらに,大数の強法則が成り立つ性質を強一致性といいます.つまり

$$\Theta = \Theta(X_1, \ldots, X_n) \text{ は } \theta \text{ の強一致推定量} \iff P\left(\Theta \xrightarrow[n \to \infty]{} \theta\right) = 1.$$

他にも,母数 θ からのズレの二乗の平均が標本を大きくすると 0 に近づくという性質を平均二乗一致性といいます.つまり

$$\Theta = \Theta(X_1, \ldots, X_n) \text{ は } \theta \text{ の平均二乗一致推定量} \iff E[(\Theta - \theta)^2] \xrightarrow[n \to \infty]{} 0.$$

問題 10.6 母平均 μ,母分散 σ^2 の母集団からの無作為標本を $X_1, \ldots, X_n$ とします.母数 θ と統計量 $\Theta = \Theta(X_1, \ldots, X_n)$ に対し以下を証明しなさい.

(1) Θ は θ の平均二乗一致推定量 $\Longrightarrow$ Θ は θ の一致推定量.
(2) $\left[E[\Theta] \xrightarrow[n \to \infty]{} \theta, V[\Theta] \xrightarrow[n \to \infty]{} 0 \right] \Longrightarrow$ Θ は θ の一致推定量.
(3) $\left[\Theta : \theta \text{ の不偏推定量}, V[\Theta] \xrightarrow[n \to \infty]{} 0 \right] \Longrightarrow$ Θ は θ の一致推定量.

10.4 最尤推定量

9章では母数の推定量を天下り的に紹介しました.しかし自分で統計解析を行うときには知りたい母数の推定量を自分で見つけなければなりません.その見つけ方として有用なものが尤度 (likelihood, 尤もらしさの度合い) を出力する関数です.この関数を尤度関数 (likelihood function) といい,未知母数 θ を持つ母集団 X の密度関数を $p(x, \theta)$ とし,この母集団からの無作為標本を $X_1, \ldots, X_n$ として

$$L(\theta) = L(X_1, \ldots, X_n, \theta) = p(X_1, \theta) \times \cdots \times p(X_n, \theta)$$

$$: X_1, \ldots, X_n を定数,母数 \theta を変数と扱う関数$$

と定めます.そして,この,母数の値に応じて変動する尤度関数の値 (尤もらしさの度合い) を最大にする母数の値 ($X_1, \ldots, X_n$ の関数になっています) を最尤推定量 (maximum likelihood estimator) といいます.

Θ は θ の最尤推定量 $\iff$ すべての Θ' ($: \theta$ の推定量) に対し $L(\Theta) \geqq L(\Theta')$
$\iff$ Θ は θ の推定量の中で尤度関数を最大にするもの

ということです.つまり最尤推定量は尤度関数が最大となる母数の値を求めることでわかります.それは尤度関数を微分して増減表を作成することでわかります.ところが,尤度関数は密度関数の積として定められていますので微分するには大変です.そこで,対数をほどこして積を和にしておくと微分がしやすくなります.しかも,対数関数は単調増加関数ですので対数をほどこす前と後で関数が最大となる母数の値は変わりません.この,尤度関数に対数をほどこしたもの $\log L(\theta)$ を対数尤度関数といいます.

使い方

$$\left[\Theta : \begin{array}{l} \log L(\theta) \,(: 微分しやすい) \\ を最大にする母数 \theta の値 \end{array}\right] \iff \left[\Theta : \begin{array}{l} L(\theta) \,を最大にする \\ 母数 \theta の値\,(最尤推定量) \end{array}\right]$$

問題 10.7 次の母集団の母数の最尤推定量を求めなさい.
(1) ポアソン母集団 Po(λ) の λ
(2) 正規母集団 N(μ, σ^2) の σ^2 が既知のときの μ
(3) 正規母集団 N(μ, v) の μ が既知のときの v

第 11 章
検定の考え方

　この章では自分で立てた仮説を統計的に検証する方法である (統計的仮説) 検定 (statistical hypothesis testing) について説明していきます．まずは検定の流れを漫画的に説明してみましょう．

　あるじゃんけん大会 (全 10 試合) での歴代優勝者は
　　　　　2 年前：チョキをいっぱい出して優勝した．
　　　　　1 年前：パーをいっぱい出して優勝した．
　そこで，次のような仮説 (予想，妄想) を立ててみます．
　　　　　仮説：今年の優勝者はグーをいっぱい出して優勝する．

　仮説にある「いっぱい出す」という表現は数学的ではありませんので「一般人の出す率より高い率で出す」といいかえます．さらに，一般人のグーを出す率は
$$\text{グーを出す確率} = 0.35 \, (= 35\ \%). \tag{11.1}$$
と知られていますので，上の仮説は数学的には

　　　　　今年の優勝者は (11.1) より高い率でグーを出す

と表現できます．この仮説を検定するには以下の 1 〜 4 の手順を踏みます．

1. まず，上では仮説は 1 つしか立てませんでしたが検定では相反する 2 つの仮説を立てることになっています．1 つ目には「違いがない」というような等式的な表現の仮説 H_0 を立て，2 つ目には「違いがある」というような不等式的な表現の仮説 H_1 を立てます．

　　　　　H_0：今年の優勝者は (11.1) の率でグーを出す，
　　　　　H_1：今年の優勝者は (11.1) より高い率でグーを出す．

2. 次に 1. を検定するのに適切な統計量を設定します.「グーを出す率」について検定したいので

$$Q = \text{優勝者のグーの回数} \quad \left(\overset{H_0}{\sim} \mathrm{Bi}(10, 0.35)\right)$$

と設定するのが適切であると考えます.

3. ここは検定の独特な手順です. 1. で立てた仮説のうち等式的な H_0 が成立していると仮定して H_0 が成立しているとしたら統計的には起こりえない事象 (確率の非常に低い事象) を設定します. ここでは 0.01 の確率でしか起きない事象を統計的には起こりえない事象ということにします. つまり H_0 の下で $P(Q \geq c) = 0.01$ となる c を設定します. Q は $\mathrm{Bi}(10, 0.35)$ に従いますので c を求めてみますと $c = 8$ とわかります.

$$P(Q \geq 8) = 0.01$$

ということです. すなわち一般人でグーを 10 回中 8 回以上出すのは 1 % (統計的には起こりえないこと) ということになります.

4. 以上を大会前に準備しておいて, 大会当日の結果を見てみますと, 今年はグーを 9 回, パーを 1 回, チョキを 0 回 出した人が優勝しました. つまり Q の実現値 $q = 9 \geq 8$. この結果は H_0 が成立しているという条件の下では起こりえないことが起きたといえます. つまり H_0 ではなく H_1 が成立しているといえます. この結論の出し方は数学の背理法という証明法に似ています.

背理法: H が成立していることを証明したいときに

H ではない (H の否定が成立) と仮定 $\Longrightarrow$ 矛盾 $\Longrightarrow$ H が成立

と証明する論法.

つまり H_1 が成立していることを証明したいときに H_1 ではない (H_0 が成立) と仮定して矛盾が導かれ (起こりえないことが起きて) H_1 が成立していると証明できたと見ることができます.

11.1 検定の手順

以上の検定の流れを整理しますと次のようになります.

1. **仮説の設定**: 母集団の未知母数 θ に関して事前情報の有無に応じて2つの相反する仮説 (帰無仮説 (null hypothesis) H_0, 対立仮説 (alternative hypothesis) H_1) を設定します. ただし事前情報に関わらず帰無仮説 H_0 は同じです.
   (a) 事前情報が無い場合 $H_0 : \theta = \theta_0$, $H_1 : \theta \neq \theta_0$.
   (b) 事前に $\theta \leqq \theta_0$ という情報が有る場合 $H_0 : \theta = \theta_0$, $H_1 : \theta < \theta_0$.
   (c) 事前に $\theta \geqq \theta_0$ という情報が有る場合 $H_0 : \theta = \theta_0$, $H_1 : \theta > \theta_0$.

2. **検定統計量の選定**: 仮説の正否を検討するための基準とする統計量を選定します.
$$Q = Q(X_1, \ldots, X_n, \theta_0).$$

3. **危険率・棄却域の設定**: H_0 の下で起こりえない事象を設定します. この事象は信頼区間を求めるときでは除いた裾の部分です. つまり
   (a) $P(Q < c_1 \text{または} c_2 < Q) = \alpha$. (b) $P(Q < c_1) = \alpha$. (c) $P(Q > c_2) = \alpha$. となる c_1, c_2 を Q に応じて適切に選びます.
   (a) 両裾 $(-\infty, c_1) \cup (c_2, \infty)$ (b) 左裾 $(-\infty, c_1)$ (c) 右裾 (c_2, ∞)
   を棄却域 (rejection region), α を危険率 (または有意水準 (significance level)) といいます.

4. **仮説の正否の判定**: H_0 の下での Q の実現値 q がもし棄却域に入ったら H_0 が成立しているとしたら起こりえないことが起きたことになります. つまり H_0 は成立していないとわかるので棄却し, H_1 の内容を結論として断定できます. 一方棄却域ではなく信頼区間に入ったら H_0 は棄却されない, としかいえません. つまり H_0 の内容も H_1 の内容も結論として断定できません. この場合, 本書では H_1 の内容を結論として断定できない, と答えていただくように問題を設定しています. つまり, H_0 が棄却される/されないにより H_1 の内容がいえる/いえないと結論します.
   (a) $q < c_1$ または $c_2 < q \implies H_0$ は棄却される,
   $c_1 \leqq q \leqq c_2 \implies H_0$ は棄却されない.
   (b) $q < c_1 \implies H_0$ は棄却される, $q \geqq c_1 \implies H_0$ は棄却されない.
   (c) $q > c_2 \implies H_0$ は棄却される, $q \leqq c_2 \implies H_0$ は棄却されない.

(a) を両側検定, (b) を左片側検定, (c) を右片側検定といいます. また, 危険率の「危険」とは本当は H_0 が成立しているにも関わらず棄却される「危険」です.

11.2 母平均の検定

正規母集団の母平均の検定法を紹介します．数式的には，μ_0 を実数，$X_1,\ldots,X_n$ を $N(\mu,\sigma^2)$ からの無作為標本として μ が μ_0 かどうかを検定します．区間推定のときと同様に母分散が既知か未知かで選定する検定統計量が異なります．

母分散が既知の場合の母平均の検定の手順

1. $H_0 : \mu = \mu_0$, $H_1 : \mu \neq \mu_0$ (両側), $\mu < \mu_0$ (左片側), $\mu > \mu_0$ (右片側).
2. 標本平均の標準化の μ に μ_0 を代入したものを検定統計量にします．H_0 の下でこの統計量は標準正規分布に従います．

$$Q = \frac{\overline{X} - \mu_0}{\sqrt{\dfrac{\sigma^2}{n}}} \qquad (\overset{H_0}{\sim} N(0,1)).$$

3. H_0 の下で $P(Q < -c \text{ または } c < Q) = \alpha$ (両側), $P(Q < -c) = \alpha$ (左片側), $P(Q > c) = \alpha$ (右片側) となる c を正規分布表 II から読みます．
4. H_0 の下での Q の実現値 q が

$$\begin{bmatrix} q < -c \text{ または } c < q \text{ (両側)}, \\ q < -c \text{ (左片側)}, \quad q > c \text{ (右片側)} \end{bmatrix} \Longrightarrow H_0 \text{は棄却される},$$

$$\begin{bmatrix} -c \leqq q \leqq c \text{ (両側)}, \\ q \geqq -c \text{ (左片側)}, \quad q \leqq c \text{ (右片側)} \end{bmatrix} \Longrightarrow H_0 \text{は棄却されない}.$$

問題 11.1 正規母集団 $N(\mu,\sigma^2)$, $\sigma^2 = 15^2$, の母平均 μ が 60 ($= \mu_0$) かどうかを標本の大きさ $n = 100$, 危険率 $\alpha = 0.05$ で両側検定します．

(1) 帰無仮説 H_0, 対立仮説 H_1 を述べなさい．
(2) (1) を検討するのに適切な検定統計量 Q を述べなさい．
(3) (2) の Q が H_0 の下で $P(Q < -c \text{ または } c < Q) = \alpha$ となる c を述べなさい．
(4) この母集団から無作為標本を 100 個抽出して実験をしたら $\bar{x} = 38$ を得ました．母平均 μ は 60 でないといえますか？

母分散が未知の場合の母平均の検定の手順

1. $H_0 : \mu = \mu_0$, $H_1 : \mu \neq \mu_0$ (両側), $\mu < \mu_0$ (左片側), $\mu > \mu_0$ (右片側).
2. 標本平均の標準化で母分散を不偏分散に変えたものの μ に μ_0 を代入したものを検定統計量にします．H_0 の下でこの統計量は t 分布に従います．

$$Q = \frac{\overline{X} - \mu_0}{\sqrt{\dfrac{U^2}{n}}} \qquad (\overset{H_0}{\sim} t_{n-1}).$$

3. H_0 の下で $P(Q < -c \text{ または } c < Q) = \alpha$ (両側), $P(Q < -c) = \alpha$ (左片側), $P(Q > c) = \alpha$ (右片側) となる c を t 分布表から読みます．
4. H_0 の下での Q の実現値 q が

$$\begin{bmatrix} q < -c \text{ または } c < q \text{ (両側)}, \\ q < -c \text{ (左片側)}, \quad q > c \text{ (右片側)} \end{bmatrix} \Longrightarrow H_0 \text{は棄却される},$$

$$\begin{bmatrix} -c \leq q \leq c \text{ (両側)}, \\ q \geq -c \text{ (左片側)}, \quad q \leq c \text{ (右片側)} \end{bmatrix} \Longrightarrow H_0 \text{は棄却されない}.$$

(標本が大きい ($n \geq 50$) ときは手順 2., 3. の t_{n-1} を $N(0, 1)$ で代用できます (問題 13.8).)

問題 11.2 正規母集団 $N(\mu, \sigma^2)$, σ^2 : 未知, の母平均 μ が $50 (= \mu_0)$ 以上であるとわかっているとき，$50 (= \mu_0)$ より大きいかどうか標本の大きさ $n = 15$, 危険率 $\alpha = 0.025$ で右片側検定します．

(1) 帰無仮説 H_0, 対立仮説 H_1 を述べなさい．
(2) (1) を検討するのに適切な検定統計量 Q を述べなさい．
(3) (2) の Q が H_0 の下で $P(Q > c) = \alpha$ となる c を述べなさい．
(4) この母集団から無作為標本を 15 個抽出して実験をしたら

54, 55, 55, 54, 50, 53, 49, 51, 52, 51, 58, 56, 46, 55, 53
($\overline{x} = 52.8$, $u^2 = 9.31$)

を得ました．母平均 μ は 50 より大きいといえますか?

11.3　母分散の検定

正規母集団の母分散の検定法を紹介します．数式的には，σ_0^2を正数，$X_1, \ldots, X_n$ を $N(\mu, \sigma^2)$ からの無作為標本 として σ^2 が σ_0^2 かどうかを検定します．

母分散の検定の手順

1. $H_0 : \sigma^2 = \sigma_0^2$, 　$H_1 : \sigma^2 \neq \sigma_0^2$ (両側), $\sigma^2 < \sigma_0^2$ (左片側), $\sigma^2 > \sigma_0^2$ (右片側).

2. $\dfrac{(標本の大きさ - 1)\,不偏分散}{母分散}$ の σ^2 に σ_0^2 を代入したものを検定統計量にします．H_0 の下でこの統計量はカイ二乗分布に従います．

$$Q = \frac{(n-1)U^2}{\sigma_0^2} \qquad (\overset{H_0}{\sim} \chi^2_{n-1}).$$

3. H_0 の下で $P(Q < c_1 \text{ または } c_2 < Q) = \alpha$ (両側), $P(Q < c_1) = \alpha$ (左片側), $P(Q > c_2) = \alpha$ (右片側) となる c_1, c_2 を χ^2 分布表から読みます．

4. H_0 の下での Q の実現値 q が

$$\begin{bmatrix} q < c_1 \text{ または } c_2 < q \text{ (両側)}, \\ q < c_1 \text{ (左片側)}, \quad q > c_2 \text{ (右片側)} \end{bmatrix} \Longrightarrow H_0 \text{は棄却される},$$

$$\begin{bmatrix} c_1 \leq q \leq c_2 \text{ (両側)}, \\ q \geq c_1 \text{ (左片側)}, \quad q \leq c_2 \text{ (右片側)} \end{bmatrix} \Longrightarrow H_0 \text{は棄却されない}.$$

問題 11.3 正規母集団 $N(\mu, \sigma^2)$ の母分散 σ^2 が $0.01 (= \sigma_0^2)$ かどうかを標本の大きさ $n = 10$, 危険率 $\alpha = 0.05$ で両側検定します．

(1) 帰無仮説 H_0, 対立仮説 H_1 を述べなさい．

(2) (1) を検討するのに適切な検定統計量 Q を述べなさい．

(3) (2) の Q が H_0 の下で $P(Q < c_1 \text{ または } c_2 < Q) = \alpha$ となる c_1, c_2 を述べなさい．

(4) この母集団から無作為標本を 10 個抽出して実験をしたら $u^2 = 0.014$ を得ました．母分散 σ^2 は 0.01 でないといえますか？

11.4 母分散の違いの検定

独立な 2 つの正規母集団の母分散の違いの検定法を紹介します．数式的には，$X_1, \ldots, X_{n_A}$ を $N(\mu_A, \sigma_A^2)$ からの無作為標本，その標本平均，不偏分散を $\overline{X}, U_A^2$ とし，$Y_1, \ldots, Y_{n_B}$ を $N(\mu_B, \sigma_B^2)$ からの無作為標本，その標本平均，不偏分散を $\overline{Y}, U_B^2$ として $\sigma_A^2 = \sigma_B^2$ かどうかを検定します．

母分散の違いの検定の手順 (左片側は右片側と同様にできます．)

1. $H_0 : \sigma_A^2 = \sigma_B^2$, $H_1 : \sigma_A^2 \neq \sigma_B^2$, (両側)，$\sigma_A^2 > \sigma_B^2$ (右片側)．
2. $\dfrac{\text{不偏分散}}{\text{母分散}}$ の比の $\dfrac{\sigma_A^2}{\sigma_B^2}$ に 1 を代入したものを検定統計量にします．H_0 の下でこの統計量は F 分布に従います．

$$Q = \frac{U_A^2}{U_B^2} \quad \left(\stackrel{H_0}{=} \frac{U_A^2}{\sigma_A^2} \bigg/ \frac{U_B^2}{\sigma_B^2} \sim F_{n_B-1}^{n_A-1} \right).$$

3. H_0 の下で $P(Q < c_1 \text{ または } c_2 < Q) = \alpha$ (両側)，$P(Q > c_2) = \alpha$ (右片側) となる c_1, c_2 を F 分布表から読みます．
4. H_0 の下での Q の実現値 q が

$[q < c_1 \text{ または } c_2 < q \text{ (両側)}, \quad q > c_2 \text{ (右片側)}] \Longrightarrow H_0 \text{は棄却される}$,

$[c_1 \leqq q \leqq c_2 \text{ (両側)}, \quad q \leqq c_2 \text{ (右片側)}] \Longrightarrow H_0 \text{は棄却されない}$.

問題 11.4 餌 A, B を与えられる羊のグループ A, B があります．餌 A と B に栄養のばらつき (体重 (kg) の分散) の違いがあるかどうかを，グループ A, B からの標本の大きさ $n_A = 10, n_B = 8$, 危険率 $\alpha = 0.1$ で両側検定します．グループ A, B の体重は正規分布 $N(\mu_A, \sigma_A^2), N(\mu_B, \sigma_B^2)$ に従うとします．

(1) 帰無仮説 H_0, 対立仮説 H_1 を述べなさい．
(2) (1) を検討するのに適切な検定統計量 Q を述べなさい．
(3) (2) の Q が H_0 の下で $P(Q < c_1 \text{ または } c_2 < Q) = \alpha$ となる c_1, c_2 を述べなさい．
(4) A から 10 匹，B から 8 匹の羊を無作為抽出して体重を調べたところ，

グループ A：97, 102, 97, 98, 102, 100, 101, 99, 101, 106　 ($u_A^2 = 7.57$)

グループ B：80, 78, 80, 80, 81, 80, 78, 81　 ($u_B^2 = 1.36$)

を得ました．餌 A と B に栄養のばらつき (体重の分散) の違いがあるといえますか？

11.5 母平均の違いの検定

独立な 2 つの正規母集団の母平均の違いの検定法を紹介します．数式的には，$X_1,\ldots,X_{n_A}$ を $N(\mu_A, \sigma_A^2)$ からの無作為標本，その標本平均，不偏分散を $\overline{X}, U_A^2$ とし，$Y_1,\ldots,Y_{n_B}$ を $N(\mu_B, \sigma_B^2)$ からの無作為標本，その標本平均，不偏分散を $\overline{Y}, U_B^2$ として $\mu_A = \mu_B$ かどうかを検定します．まずは母平均の違いの検定をするために必要な，母平均の差にまつわる統計量を 2 つ紹介します．

独立な正規母集団の母平均の差

2 つの母分散が既知の場合，次の統計量が有用です．

$$\frac{(\overline{X} - \overline{Y}) - (\mu_A - \mu_B)}{\sqrt{\frac{\sigma_A^2}{n_A} + \frac{\sigma_B^2}{n_B}}} \sim \frac{\left[N\left(\mu_A, \frac{\sigma_A^2}{n_A}\right) - N\left(\mu_B, \frac{\sigma_B^2}{n_B}\right)\right] - (\mu_A - \mu_B)}{\sqrt{\frac{\sigma_A^2}{n_A} + \frac{\sigma_B^2}{n_B}}}$$

$$\underset{\substack{再生性 \\ 一次変換}}{\sim} N(0,1) \quad : \text{標本平均の差の標準化は標準正規分布に従う．}$$

2 つの母分散が未知だが等しい場合，次の統計量が有用です．

$$\frac{(\overline{X} - \overline{Y}) - (\mu_A - \mu_B)}{\sqrt{\left(\frac{1}{n_A} + \frac{1}{n_B}\right)\frac{(n_A - 1)U_A^2 + (n_B - 1)U_B^2}{n_A + n_B - 2}}}$$

$$\underset{\sigma_A^2 = \sigma_B^2}{=} \frac{\frac{(\overline{X} - \overline{Y}) - (\mu_A - \mu_B)}{\sqrt{\frac{\sigma_A^2}{n_A} + \frac{\sigma_B^2}{n_B}}}}{\sqrt{\frac{\frac{(n_A-1)U_A^2}{\sigma_A^2} + \frac{(n_B-1)U_B^2}{\sigma_B^2}}{n_A + n_B - 2}}} \sim \frac{N(0,1)}{\sqrt{\frac{\chi_{n_A+n_B-2}^2}{n_A+n_B-2}}} \sim t_{n_A+n_B-2}.$$

ここで，$U_{AB}^2 := \dfrac{(n_A - 1)U_A^2 + (n_B - 1)U_B^2}{n_A + n_B - 2}$ を合併不偏分散と呼ぶことにしますと，

$$\frac{(\overline{X} - \overline{Y}) - (\mu_A - \mu_B)}{\sqrt{\frac{U_{AB}^2}{n_A} + \frac{U_{AB}^2}{n_B}}} \sim t_{n_A+n_B-2} \quad \begin{array}{l}\text{標本平均の差の標準化で} \\ : \text{母分散を合併不偏分散に変えたら} \\ t_{\text{標本の大きさ}-1} \text{の和に従う．}\end{array}$$

2 つの母分散が既知の場合の母平均の違いの検定の手順
(左片側は右片側と同様にできます.)

1. $H_0 : \mu_A = \mu_B$, $\quad H_1 : \mu_A \neq \mu_B$ (両側), $\mu_A > \mu_B$ (右片側).
2. 標本平均の差の標準化の $\mu_A - \mu_B$ に 0 を代入したものを検定統計量にします. H_0 の下でこの統計量は標準正規分布に従います.

$$Q = \frac{\overline{X} - \overline{Y}}{\sqrt{\dfrac{\sigma_A^2}{n_A} + \dfrac{\sigma_B^2}{n_B}}} \quad \left(\stackrel{H_0}{=} \frac{(\overline{X} - \overline{Y}) - (\mu_A - \mu_B)}{\sqrt{\dfrac{\sigma_A^2}{n_A} + \dfrac{\sigma_B^2}{n_B}}} \sim N(0,1) \right).$$

3. H_0 の下で $P(Q < -c \text{ または } c < Q) = \alpha$ (両側), $P(Q > c) = \alpha$ (右片側) となる c を正規分布表 II から読みます.
4. H_0 の下での Q の実現値 q が

   $[q < -c \text{ または } c < q$ (両側), $\quad q > c$ (右片側)$] \implies H_0$ は棄却される,
   $[-c \leqq q \leqq c$ (両側), $\quad q \leqq c$ (右片側)$] \implies H_0$ は棄却されない.

問題 11.5 A 国, B 国の男性に身長 (cm) の平均の違いがあるかどうかを, A 国, B 国からの標本の大きさ $n_A = 15, n_B = 10$, 危険率 $\alpha = 0.05$ で両側検定します. A 国, B 国の男性の身長はそれぞれ $N(\mu_A, \sigma_A^2), N(\mu_B, \sigma_B^2), \sigma_A^2 = 5.5^2, \sigma_B^2 = 6.1^2$ に従うとします.

(1) 帰無仮説 H_0, 対立仮説 H_1 を述べなさい.
(2) (1) を検討するのに適切な検定統計量 Q を述べなさい.
(3) (2) の Q が H_0 の下で $P(Q < -c \text{ または } c < Q) = \alpha$ となる c を述べなさい.
(4) A 国から 15 人, B 国から 10 人を無作為抽出して身長を調べたところ, A 国民の標本平均 $\overline{x} = 171.5$, B 国民の標本平均 $\overline{y} = 175.6$ を得ました. A 国, B 国の男性に身長の平均の違いがあるといえますか?

2つの母分散が未知だが等しい場合の母平均の違いの検定の手順
(左片側は右片側と同様にできます.)

1. $H_0 : \mu_A = \mu_B$, $H_1 : \mu_A \neq \mu_B$ (両側), $\mu_A > \mu_B$ (右片側).
2. 標本平均の差の標準化で母分散を合併不偏分散に変えたものの $\mu_A - \mu_B$ に 0 を代入したものを検定統計量とします. H_0 の下でこの統計量は t 分布に従います.

$$Q = \frac{\overline{X} - \overline{Y}}{\sqrt{\frac{U_{AB}^2}{n_A} + \frac{U_{AB}^2}{n_B}}} \quad \left(\stackrel{H_0}{=} \frac{(\overline{X} - \overline{Y}) - (\mu_A - \mu_B)}{\sqrt{\frac{U_{AB}^2}{n_A} + \frac{U_{AB}^2}{n_B}}} \sim t_{n_A + n_B - 2} \right).$$

3. H_0 の下で $P(Q < -c$ または $c < Q) = \alpha$ (両側), $P(Q > c) = \alpha$ (右片側) となる c を t 分布表から読みます.
4. H_0 の下での Q の実現値 q が

$$[q < -c \text{ または } c < q \text{ (両側)}, \quad q > c \text{ (右片側)}] \Longrightarrow H_0\text{は棄却される},$$
$$[-c \leqq q \leqq c \text{ (両側)}, \quad q \leqq c \text{ (右片側)}] \Longrightarrow H_0\text{は棄却されない}.$$

問題 11.6 A 国, B 国の男性に身長 (cm) の平均の違いがあるかどうかを, A 国, B 国からの標本の大きさ $n_A = 15, n_B = 10$, 危険率 $\alpha = 0.05$ で両側検定します. A 国, B 国の男性の身長はそれぞれ $N(\mu_A, \sigma_A^2), N(\mu_B, \sigma_B^2), \sigma_A^2 = \sigma_B^2$ に従うとします.

(1) 帰無仮説 H_0, 対立仮説 H_1 を述べなさい.
(2) (1) を検討するのに適切な検定統計量 Q を述べなさい.
(3) (2) の Q が H_0 の下で $P(Q < -c$ または $c < Q) = \alpha$ となる c を述べなさい.
(4) A 国から 15 人, B 国から 10 人を無作為抽出して身長を調べたところ,

A 国民 : 174, 179, 184, 167, 181, 175, 176, 180, 168, 181,
170, 170, 180, 174, 174 ($\overline{x} = 175.5, u_A^2 = 27.3$)

B 国民 : 176, 180, 180, 176, 178, 186, 163, 176, 172, 175
($\overline{y} = 176.2, u_B^2 = 35.7$)

を得ました. A 国, B 国の男性に身長の平均の違いがあるといえますか?

11.6 母比率の検定

ある母集団のある条件をみたす母比率の検定法を紹介します．数式的には，p_0 を 0 以上 1 以下の実数，$X_1, \ldots, X_n$ をある母集団からの大きな無作為標本 ($n \geq 50$)，A をある条件，標本の各要素 $\sim$ 1 (A 起こる $\cdots p$), 0 (A 起こらず $\cdots 1-p$) $\sim \text{Be}(p)$，$S_n = X_1 + \cdots + X_n$ として p が p_0 かどうかを検定します．

母比率の検定の手順

1. $H_0 : p = p_0$，　$H_1 : p \neq p_0$ (両側), $p < p_0$ (左片側), $p > p_0$ (右片側).
2. 生起回数の標準化の p に p_0 を代入したものを検定統計量とします．$n \geq 50$，H_0 の下でこの統計量は標準正規分布にほぼ従います．

$$Q = \frac{S_n - np_0}{\sqrt{np_0(1-p_0)}} \qquad (\underset{n \geq 50}{\overset{H_0}{\sim}} N(0,1)).$$

3. H_0 の下で $P(Q < -c \text{ または } c < Q) = \alpha$ (両側), $P(Q < -c) = \alpha$ (左片側), $P(Q > c) = \alpha$ (右片側) となる c を正規分布表 II から読みます．
4. H_0 の下での Q の実現値 q が

$$\left. \begin{array}{l} q < -c \text{ または } c < q \text{ (両側)}, \\ q < -c \text{ (左片側)}, \quad q > c \text{ (右片側)} \end{array} \right] \implies H_0 \text{は棄却される}.$$

$$\left. \begin{array}{l} -c \leq q \leq c \text{ (両側)}, \\ q \geq -c \text{ (左片側)}, \quad q \leq c \text{ (右片側)} \end{array} \right] \implies H_0 \text{は棄却されない}.$$

問題 11.7 6 の目が出やすいサイコロの，6 の目を出す率 p が $\frac{1}{6}(= p_0)$ より真に高いかどうかを，300 回投げて，危険率 $\alpha = 0.05$ で右片側検定します．

(1) 帰無仮説 H_0，対立仮説 H_1 を述べなさい．
(2) (1) を検討するのに適切な検定統計量 Q を述べなさい．
(3) (2) の Q が H_0 の下で $P(Q > c) = \alpha$ となる c を述べなさい．
(4) このサイコロを 300 回投げたら 6 の目が 58 回出ました．このサイコロの 6 の目を出す率 p は $\frac{1}{6}$ より真に高いといえますか？

第 12 章
実用的な検定と推定の諸手法

12.1 適合度の検定

11 章では主に母集団分布が正規分布であると仮定して話を進めました．ここでは母集団分布が正規分布などの確率分布に本当に従っている (適合度 (goodness of fit) がある) かどうかの検定法を紹介します．そのためにまず試行で起こりうる結果を有限個の事象

$$A_1, A_2, \ldots, A_m \ (j \neq k \text{ に対して } A_j \cap A_k = \emptyset) \quad \text{：互いに排反}$$

にカテゴリー分けします．例えば「ある人のじゃんけんの出し方」の分布を検定するなら「グーを出す」,「チョキを出す」,「パーを出す」に分けたり,「ある大学の学生の身長」の分布を検定するなら「0 cm から 140 cm」,「140 cm から 150 cm」,…,「190 cm から 200 cm」,「200 cm から 280 cm」に分けたりするということです．そして未知の母集団分布に対する各事象の確率 $P(A_1) = p_1, P(A_2) = p_2, \ldots, P(A_m) = p_m$ と，ある確率分布に対する各事象の確率 $\pi_1, \pi_2, \ldots, \pi_m$ が

$$p_1 = \pi_1,\ p_2 = \pi_2,\ \ldots,\ p_m = \pi_m$$

となっているかを次の極限定理を利用して検定します．

定理 12.1 $A_1, A_2, \ldots, A_m$ を試行で起こりうる結果の分割，p_j を母集団分布に対する A_j の生起確率 (理論比率) $(j = 1, \ldots, m)$，$X_1, X_2, \ldots$ を母集団からの無作為標本，F_j を A_j をみたす $X_1, X_2 \ldots$ の個数 (観測度数) として

$$\sum_{j=1}^{m} \frac{(F_j - np_j)^2}{np_j} \underset{n \to \infty}{\sim} \chi^2_{m-1}$$

$$\text{：} \sum_{\text{各カテゴリー}} \frac{(\text{観測度数} - \text{理論度数})^2}{\text{理論度数}} \sim \chi^2_{\text{カテゴリー数}-1}.$$

説明: 例えば $m = 2$ のときは $F_1 + F_2 = n, p_1 + p_2 = 1, F_1 \sim \text{Bi}(n, p_1)$ より

$$\sum_{j=1}^{2} \frac{(F_j - np_j)^2}{np_j} = \frac{(F_1 - np_1)^2}{np_1} + \frac{(F_2 - np_2)^2}{np_2}$$

$$= \frac{(F_1 - np_1)^2}{np_1} + \frac{[(n - F_1) - n(1 - p_1)]^2}{n(1 - p_1)}$$

$$= \frac{(F_1 - np_1)^2}{n} \left(\frac{1}{p_1} + \frac{1}{1 - p_1} \right) = \frac{(F_1 - np_1)^2}{np_1(1 - p_1)} = \left[\frac{F_1 - np_1}{\sqrt{np_1(1 - p_1)}} \right]^2$$

$$\sim \left[\frac{\text{Bi}(n, p_1) - np_1}{\sqrt{np_1(1 - p_1)}} \right]^2 \underset{n \to \infty}{\overset{\text{ド・モアブル–ラプラス}\\\text{の定理}}{\approx}} N(0, 1)^2 \sim \chi_1^2$$

となり確かに成立します.

使い方

$$\left[\begin{array}{l} n \geqq 50, np_j \geqq 5 \ (j = 1, \ldots, m), \\ \begin{array}{|c|c|c|c|c|c|} \hline \text{カテゴリー} & A_1 & A_2 & \cdots & A_m & \text{合計} \\ \hline \text{観測度数} & F_1 & F_2 & \cdots & F_m & n \\ \hline \end{array} \end{array} \right] \Longrightarrow \sum_{j=1}^{m} \frac{(F_j - np_j)^2}{np_j} \sim \chi_{m-1}^2.$$

適合度の検定の手順

1. $H_0 : p_1 = \pi_1, \ldots, p_m = \pi_m$, $H_1 : H_0$ ではない. (この検定ではいつも H_1 は H_0 の単なる否定となります.)

2. $\displaystyle\sum_{\text{各カテゴリー}} \frac{(\text{観測度数} - \text{理論度数})^2}{\text{理論度数}}$ の各 p_j に π_j を代入したものを検定統計量とします. $n \geqq 50, H_0$ の下でこの統計量はカイ二乗分布にほぼ従います.

$$Q = \sum_{j=1}^{m} \frac{(F_j - n\pi_j)^2}{n\pi_j} \quad \left(\overset{H_0}{=} \sum_{j=1}^{m} \frac{(F_j - np_j)^2}{np_j} \overset{n \geqq 50}{\approx} \chi_{m-1}^2 \right).$$

3. H_0 の下で $P(Q > c) = \alpha$ となる c を χ^2 分布表から読みます. (1. の H_1 から両側検定のように見えますが, 2. で選定した検定統計量の性質より右裾のみが棄却域となります.)

4. H_0 の下での Q の実現値 q が

$$q > c \Longrightarrow H_0 \text{は棄却される},$$
$$q \leqq c \Longrightarrow H_0 \text{は棄却されない}.$$

適合度の検定の検定統計量の性質

手順 3. で，H_0 の下で右裾のみが棄却域になるのは，左裾が

$$\sum_{各カテゴリー} \frac{(観測度数 - 理論度数)^2}{理論度数} \fallingdotseq 0$$

$$\iff 観測度数 \fallingdotseq 理論度数 \iff H_0 とほぼ矛盾しない$$

という領域であるからだと理解できます．

例 12.2 あるサイコロが不公平かどうかを，120 回投げて，危険率 $\alpha = 0.05$ で検定します．まず，A_j =「j の目が出る」,$(j = 1, \ldots, 6)$ とカテゴリー分けします．すると帰無仮説と対立仮説は以下のようになります．

$$H_0 : p_1 = \frac{1}{6}, \ldots, p_6 = \frac{1}{6}, \quad H_1 : H_0 ではない.$$

次に，この仮説を検定するのに適切な検定統計量を $Q = \sum_{j=1}^{6} \frac{\left(F_j - n \cdot \frac{1}{6}\right)^2}{n \cdot \frac{1}{6}}$ と設定します．この Q は $n = 120 \geqq 50$ より H_0 の下で $\sum_{j=1}^{6} \frac{(F_j - np_j)^2}{np_j} \sim \chi_5^2$ にほぼ従います．この Q が H_0 の下で $P(Q > c) = \alpha$ となる $c = 11.07$ です．最後に，このサイコロを 120 回投げたら以下の通りでした．

目	1の目	2の目	3の目	4の目	5の目	6の目	合計
回数	18	25	18	20	22	17	120

この結果と H_0 の下での Q の実現値 q を計算しますと

$$q = \sum_{j=1}^{6} \frac{\left(f_j - 120 \cdot \frac{1}{6}\right)^2}{120 \cdot \frac{1}{6}} = \frac{(18-20)^2}{20} + \cdots + \frac{(17-20)^2}{20} = 2.3 \leqq 11.07$$

$\Longrightarrow H_0 は棄却されない.$

つまり，このサイコロは不公平であるとはいえません．

R の解答例は p.181 をご覧下さい．

12.2 正規分布の適合度の検定

この節では特に，ある母集団 X(母平均 μ，母分散 σ^2) が正規分布に従っているかどうかの検定法を紹介します．母平均，母分散が既知か未知かで検定統計量が従うカイ二乗分布の自由度が変わります．

[1] 母平均と母分散が既知の場合
$A_j = \{a_{j-1} \leqq X < a_j\}$ $(j = 1, \ldots, m)$ とカテゴリー分けして

$$p_j = \mathrm{P}(A_j) \stackrel{\text{標準化}}{=} \mathrm{P}\left(\frac{a_{j-1} - \mu}{\sigma} \leqq \frac{X - \mu}{\sigma} < \frac{a_j - \mu}{\sigma}\right)$$

$$\stackrel{\text{検定}}{\underset{\text{したい}}{=}} \mathrm{P}\left(\frac{a_{j-1} - \mu}{\sigma} \leqq \mathrm{N}(0,1) < \frac{a_j - \mu}{\sigma}\right) =: \pi_j$$
$(j = 1, \ldots, m)$

となっているかを検定します．ただし第 m カテゴリーは事象の右辺にも等号を入れて $A_m = \{a_{m-1} \leqq X \leqq a_m\}$, $\mathrm{P}\left(\frac{a_{m-1}-\mu}{\sigma} \leqq \cdots \leqq \frac{a_m-\mu}{\sigma}\right)$ とします．

母平均と母分散が既知の場合の正規分布の適合度の検定の手順
1. $\mathrm{H}_0 : p_1 = \pi_1, \ldots, p_m = \pi_m,$ $\mathrm{H}_1 : \mathrm{H}_0$ ではない．

2. $\displaystyle\sum_{\text{各カテゴリー}} \frac{(\text{観測度数} - \text{理論度数})^2}{\text{理論度数}}$ の各 p_j に π_j を代入したものを検定統計量とします．$n \geqq 50$, H_0 の下でこの統計量はカイ二乗分布にほぼ従います．

$$Q = \sum_{j=1}^{m} \frac{(F_j - n\pi_j)^2}{n\pi_j} \quad \left(\stackrel{\mathrm{H}_0}{=} \sum_{j=1}^{m} \frac{(F_j - np_j)^2}{np_j} \stackrel{n \geqq 50}{\sim} \chi^2_{m-1}\right).$$

3. H_0 の下で $\mathrm{P}(Q > c) = \alpha$ となる c を χ^2 分布表から読みます．
4. H_0 の下での Q の実現値 q が

$$q > c \implies \mathrm{H}_0\text{は棄却される},$$
$$q \leqq c \implies \mathrm{H}_0\text{は棄却されない}.$$

[2] 母平均が既知で母分散が未知の場合

$A_j = \{a_{j-1} \leqq X < a_j\}$ $(j = 1, \ldots, m)$ とカテゴリー分けし,母分散 σ^2 を標本分散 S^2 で代用した「標準化もどき」を行って

$$p_j = P(A_j) \stackrel{\text{標準化}}{\underset{\text{もどき}}{=}} P\left(\frac{a_{j-1} - \mu}{S} \leqq \frac{X - \mu}{S} < \frac{a_j - \mu}{S}\right)$$

$$\stackrel{\text{検定}}{\underset{\text{したい}}{=}} P\left(\frac{a_{j-1} - \mu}{S} \leqq N(0,1) < \frac{a_j - \mu}{S}\right) =: \pi_j$$

$(j = 1, \ldots, m)$

となっているかを検定します.ただし第 m カテゴリーは事象の右辺にも等号を入れて $A_m = \{a_{m-1} \leqq X \leqq a_m\}$, $P\left(\frac{a_{m-1}-\mu}{S} \leqq \cdots \leqq \frac{a_m-\mu}{S}\right)$ とします.真の分散 σ^2 を確率変数 S^2 で代用するため,カイ二乗分布の自由度が [1] の場合からさらに 1 つ減ることに注意しましょう.

母平均が既知で母分散が未知の場合の正規分布の適合度の検定の手順

1. $H_0 : p_1 = \pi_1, \ldots, p_m = \pi_m$, $H_1 : H_0$ ではない.
2. $\sum_{\text{各カテゴリー}} \frac{(観測度数 - 理論度数)^2}{理論度数}$ の各 p_j に π_j を代入し,σ^2 を S^2 で代用したものを検定統計量とします.$n \geqq 50$, H_0 の下でこの統計量はカイ二乗分布にほぼ従います.

$$Q = \sum_{j=1}^{m} \frac{(F_j - n\pi_j)^2}{n\pi_j} \quad \left(\stackrel{H_0}{\underset{\text{代用}}{=}} \sum_{j=1}^{m} \frac{(F_j - np_j)^2}{np_j} \stackrel{n \geqq 50}{\sim} \chi^2_{m-2}\right)$$

($\sigma^2 \to S^2$ の代用のため自由度がさらに 1 つ減ります).

3. H_0 の下で $P(Q > c) = \alpha$ となる c を χ^2 分布表から読みます.
4. H_0 の下での Q の実現値 q が

$$q > c \implies H_0 \text{は棄却される},$$
$$q \leqq c \implies H_0 \text{は棄却されない}.$$

[3] 母平均と母分散が未知の場合

$A_j = \{a_{j-1} \leq X < a_j\}$ $(j = 1, \ldots, m)$ とカテゴリー分けし，母平均 μ を標本平均 $\overline{X}$，母分散 σ^2 を標本分散 S^2 で代用した「標準化もどき」を行って

$$p_j = \mathrm{P}(A_j) \stackrel{\text{標準化}}{\underset{\text{もどき}}{=}} \mathrm{P}\left(\frac{a_{j-1} - \overline{X}}{S} \leq \frac{X - \overline{X}}{S} < \frac{a_j - \overline{X}}{S}\right)$$

$$\stackrel{\text{検定}}{\underset{\text{したい}}{=}} \mathrm{P}\left(\frac{a_{j-1} - \overline{X}}{S} \leq N(0, 1) < \frac{a_j - \overline{X}}{S}\right) =: \pi_j$$

$$(j = 1, \ldots, m)$$

となっているかを検定します．ただし第 m カテゴリーは事象の右辺にも等号を入れて $A_m = \{a_{m-1} \leq X \leq a_m\}$, $\mathrm{P}\left(\frac{a_{m-1}-\overline{X}}{S} \leq \cdots \leq \frac{a_m-\overline{X}}{S}\right)$ とします．真の平均 μ を確率変数 $\overline{X}$ で，真の分散 σ^2 を確率変数 S^2 で代用するため，カイ二乗分布の自由度が [1] の場合からさらに 2 つ減ることに注意しましょう．

母平均と母分散が未知の場合の正規分布の適合度の検定の手順

1. $\mathrm{H}_0 : p_1 = \pi_1, \ldots, p_m = \pi_m$，$\mathrm{H}_1 : \mathrm{H}_0$ ではない．

2. $\sum_{\text{各カテゴリー}} \dfrac{(観測度数 - 理論度数)^2}{理論度数}$ の各 p_j に π_j を代入し，μ を $\overline{X}$ で，σ^2 を S^2 で代用したものを検定統計量とします．$n \geq 50, \mathrm{H}_0$ の下でこの統計量はカイ二乗分布にほぼ従います．

$$Q = \sum_{j=1}^m \frac{(F_j - n\pi_j)^2}{n\pi_j} \quad \left(\stackrel{\mathrm{H}_0}{\underset{\text{代用}}{=}} \sum_{j=1}^m \frac{(F_j - np_j)^2}{np_j} \stackrel{n \geq 50}{\approx} \chi^2_{m-3}\right)$$

($\mu \to \overline{X}, \sigma^2 \to S^2$ の代用のため自由度がさらに 2 つ減ります)．

3. H_0 の下で $\mathrm{P}(Q > c) = \alpha$ となる c を χ^2 分布表から読みます．

4. H_0 の下での Q の実現値 q が

$$q > c \implies \mathrm{H}_0 \text{は棄却される},$$
$$q \leq c \implies \mathrm{H}_0 \text{は棄却されない}.$$

例 12.3

X 大生の身長 (cm) が正規分布 (母平均, 母分散:未知) に従っているかどうかを 50 人を無作為に抽出し, m 個の階級に分け, 危険率 $\alpha = 0.05$ で検定します. まず, $H_0 : p_1 = \pi_1, \ldots, p_m = \pi_m$, $H_1 : H_0$ ではない と設定します. 次に, この仮説を検討するための検定統計量を $Q = \sum_{j=1}^{m} \dfrac{(F_j - n\pi_j)^2}{n\pi_j}$ と設定します. この Q は $n = 50 \geqq 50$ より, 代用, H_0 の下で $\sum_{j=1}^{m} \dfrac{(F_j - np_j)^2}{np_j} \sim \chi^2_{m-3}$ にほぼ従います. 最後に, X 大生を無作為に 50 人抽出したところ, 以下の度数分布表を得ました. ($\bar{x} = 157.8$, $s = 5.1$.)

階級の範囲 $a_j \sim a_{j+1}$	階級値 x_j	観測度数 f_j	標準化もどきをした階級の範囲 $\dfrac{a_j - \bar{x}}{s} \sim \dfrac{a_{j+1} - \bar{x}}{s}$	理論比率 p_j	理論度数 np_j
144.5 ~ 147.5	146	1	−2.61 ~ −2.02	0.017	0.85
147.5 ~ 150.5	149	2	−2.02 ~ −1.43	0.055	2.75
150.5 ~ 153.5	152	6	−1.43 ~ −0.84	0.124	6.20
153.5 ~ 156.5	155	14	−0.84 ~ −0.25	0.201	10.05
156.5 ~ 159.5	158	9	−0.25 ~ 0.33	0.228	11.4
159.5 ~ 162.5	161	8	0.33 ~ 0.92	0.192	9.6
162.5 ~ 165.5	164	7	0.92 ~ 1.51	0.113	5.65
165.5 ~ 168.5	167	2	1.51 ~ 2.10	0.048	2.4
168.5 ~ 171.5	170	1	2.10 ~ 2.69	0.014	0.7

ここで, 各階級の理論度数が 5 以上となるように, 第 1~3 階級と第 7~9 階級をまとめますと

階級の範囲 $a_j \sim a_{j+1}$	観測度数 f_j	理論比率 p_j	理論度数 np_j
144.5 ~ 153.5	9	0.196	9.8
153.5 ~ 156.5	14	0.201	10.05
156.5 ~ 159.5	9	0.228	11.4
159.5 ~ 162.5	8	0.192	9.6
162.5 ~ 171.5	10	0.175	8.75

となります. 階級の数 $m = 5$ より, H_0 の下で $P(Q(\sim \chi^2_2) > c) = \alpha = 0.05$ となる $c = 5.99$. よって H_0 の下での Q の実現値 q を計算しますと

$$q = \frac{(9 - 9.8)^2}{9.8} + \cdots + \frac{(10 - 8.75)^2}{8.75} = 2.57 \leqq 5.99 \implies H_0 \text{は棄却されない}.$$

つまり X 大学の学生の身長は正規分布に従っていないといえません.

12.3 独立性の検定

適合度の検定と同様の考え方によってできる，母集団の 2 つの属性 A, B が独立か従属かどうか (独立性を持つかどうか) の検定法を紹介します．そのためにまず試行の結果起こり得る属性 A, 属性 B をそれぞれ有限個の事象

$$A : A_1, A_2, \ldots, A_m \ (j \neq k \text{ に対して } A_j \cap A_k = \emptyset),$$
$$B : B_1, B_2 \ldots, B_l \ (j \neq k \text{ に対して } B_j \cap B_k = \emptyset)$$

にカテゴリー分けします．例えば「予防薬の服用と風邪の発症」の独立性を検定するなら「服用有り」と「服用無し」，「風邪をひいた」と「風邪をひかなかった」に分けたりするということです．そして各積事象の確率が確率の積になっているか (独立の定義をみたしているか)，つまり母集団分布に対する積事象の確率 $P(A_1 \cap B_1) = p_{11}, P(A_1 \cap B_2) = p_{12}, \ldots, P(A_m \cap B_l) = p_{ml}$ と，周辺の事象の確率 $P(A_1) = p_{A_1}, \ldots, P(A_m) = p_{A_m}, P(B_1) = p_{B_1}, \ldots, P(B_l) = p_{B_l}$ が

$$\text{すべての } j = 1, \ldots, m, \ k = 1, \ldots, l \text{ に対し } p_{jk} = p_{A_j} p_{B_k}$$

となっているかを定理 12.1 を利用して検定します．ただしここでの定理 12.1 のカテゴリーは 2 次元になっており，$X_1, \ldots, X_n$ を母集団からの無作為標本，F_{jk} を A_j かつ B_k をみたす $X_1, \ldots, X_n$ の個数 (観測度数) $(j = 1, \ldots, m, k = 1, \ldots, l)$ として以下が成立します．

$$\sum_{\substack{j=1,\ldots,m, \\ k=1,\ldots,l}} \frac{(F_{jk} - np_{jk})^2}{np_{jk}} \underset{n \to \infty}{\sim} \chi^2_{ml-1}$$

$$: \sum_{\text{各カテゴリー}} \frac{(\text{観測度数} - \text{理論度数})^2}{\text{理論度数}} \sim \chi_{\text{カテゴリー数}-1}.$$

使い方を説明するために次の記号を用意します．

$$F_{A_j} = \sum_{k=1}^{l} F_{jk} : A_j \text{ をみたす } X_1, \ldots, X_n \text{ の個数 (観測度数)} \quad (j = 1, \ldots, m),$$

$$F_{B_k} = \sum_{j=1}^{m} F_{jk} : B_k \text{ をみたす } X_1, \ldots, X_n \text{ の個数 (観測度数)} \quad (k = 1, \ldots, l).$$

使い方

$$\left[\begin{array}{l} n \geqq 50, \quad np_{jk} \geqq 5 \begin{pmatrix} j=1,\ldots,m, \\ k=1,\ldots,l \end{pmatrix} \\ \begin{array}{|c|c|c|c|c|c|} \hline {}_A\!\diagdown\!{}^B & B_1 & B_2 & \cdots & B_l & \text{合計} \\ \hline A_1 & F_{11} & F_{12} & \cdots & F_{1l} & F_{A_1} \\ \hline A_2 & F_{21} & F_{22} & \cdots & F_{2l} & F_{A_2} \\ \hline \vdots & \vdots & \vdots & \vdots & \vdots & \vdots \\ \hline A_m & F_{m1} & F_{m2} & \cdots & F_{ml} & F_{A_m} \\ \hline \text{合計} & F_{B_1} & F_{B_2} & \cdots & F_{B_l} & n \\ \hline \end{array} \end{array}\right] \implies \sum_{\substack{j=1,\ldots,m, \\ k=1,\ldots,l}} \frac{(F_{jk} - np_{jk})^2}{np_{jk}} \sim \chi^2_{ml-1}.$$

独立性の検定の手順

1. H_0: すべての $j=1,\ldots,m, k=1,\ldots,l$ に対し $p_{jk} = p_{A_j} p_{B_k}$, H_1: H_0 ではない.

2. $\displaystyle\sum_{\text{各カテゴリー}} \frac{(\text{観測度数} - \text{理論度数})^2}{\text{理論度数}}$ の各 p_{jk} に $p_{A_j} p_{B_k}$ を代入し, 周辺の理論比率 p_{A_j}, p_{B_k} をそれぞれ, 観測比率 $\dfrac{F_{A_j}}{n}, \dfrac{F_{B_k}}{n}$ で代用したものを検定統計量とします. $n \geqq 50$, H_0 の下でこの統計量はカイ二乗分布にほぼ従います.

$$Q = \sum_{\substack{j=1,\ldots,m, \\ k=1,\ldots,l}} \frac{\left(F_{jk} - \dfrac{F_{A_j} F_{B_k}}{n}\right)^2}{\dfrac{F_{A_j} F_{B_k}}{n}} \quad \left(\stackrel{H_0}{\underset{\text{代用}}{=}} \sum_{\substack{j=1,\ldots,m, \\ k=1,\ldots,l}} \frac{(F_{jk} - np_{jk})^2}{np_{jk}} \stackrel{n \geqq 50}{\approx} \chi^2_{(m-1)(l-1)} \right).$$

$$\left(\text{周辺の理論比率 } p_{A_j}, p_{B_k} \text{ をそれぞれ, 観測比率} \frac{F_{A_j}}{n}, \frac{F_{B_k}}{n} \text{で代用します.}\right)$$

ここで, $np_{jk} \stackrel{H_0}{=} np_{A_j} p_{B_k} \stackrel{\text{代用}}{=} n \dfrac{F_{A_j}}{n} \dfrac{F_{B_k}}{n} = \dfrac{F_{A_j} F_{B_k}}{n}$ と変形しています.

3. H_0 の下で $P(Q > c) = \alpha$ となる c を χ^2 分布表から読みます.

4. H_0 の下での Q の実現値 q が

$$q > c \implies H_0 \text{ は棄却される,}$$
$$q \leqq c \implies H_0 \text{ は棄却されない.}$$

独立性の検定の検定統計量の自由度

検定統計量が従うカイ二乗分布の自由度が $(m-1)(l-1)$ となるのは，まず全カテゴリー数 $-1 = ml - 1$ で，さらに

$$p_{A_m} = 1 - (p_{A_1} + \cdots + p_{A_{m-1}})$$ つまり p_{A_m} は $p_{A_1}, \ldots, p_{A_{m-1}}$ ($m-1$ 個) から決まる，

$$p_{B_l} = 1 - (p_{B_1} + \cdots + p_{B_{l-1}})$$ つまり p_{B_l} は $p_{B_1}, \ldots, p_{B_{l-1}}$ ($l-1$ 個) から決まる

ことから

$$p_{A_1} \to \frac{F_{A_1}}{n}, \ldots, p_{A_{m-1}} \to \frac{F_{A_{m-1}}}{n}, p_{A_m} \to \frac{F_{A_m}}{n}$$ つまり実質 $m-1$ 個の代用，

$$p_{B_1} \to \frac{F_{B_1}}{n}, \ldots, p_{B_{l-1}} \to \frac{F_{B_{l-1}}}{n}, p_{B_l} \to \frac{F_{B_l}}{n}$$ つまり実質 $l-1$ 個の代用

の合わせて $m + l - 2$ 個の代用をしていることに注意すると正規分布の適合度の検定でみたように，代用によって自由度が減りますので

$$\text{カイ二乗分布の自由度} = (ml - 1) - (m + l - 2) = (m-1)(l-1)$$

となるのだと理解できます．

問題 12.4 あるサッカーチームについて A：先制点の有無 (A_1：先制点有, A_2：先制点無), B：試合結果 (B_1：勝, B_2：負, B_3：引分) が独立かどうかを，160 試合で，危険率 $\alpha = 0.01$ で検定します．

(1) 帰無仮説 H_0, 対立仮説 H_1 を述べなさい．
(2) (1) を検定するのに適切な検定統計量 Q を述べなさい．
(3) (2) の Q が H_0 の下で $P(Q > c) = \alpha$ となる c を述べなさい．
(4) このサッカーチームの試合結果から無作為に 160 試合抽出したところ

A \ B	B_1	B_2	B_3	合計
A_1	41	18	15	74
A_2	26	46	14	86
合計	67	64	29	160

でした．このサッカーチームの先制点の有無と試合結果は独立でないといえますか？

12.4　2種類の誤り，検定力

11章と12章前半では，帰無仮説 H_0 が棄却されない場合は H_0 の内容も対立仮説 H_1 の内容も結論として断定できませんでした．しかし検定を行った結果，H_0 が棄却されてもされなくても結論を断定できた方が明快です．そこで本節では H_0 が棄却されない場合でも結論を断定する方法を紹介します．

H_0 が棄却されて H_1 の内容を結論として断定する場合を振り返りましょう．この場合なぜ H_1 の内容を結論として断定できたかといいますと，本当は H_0 が成立しているのに H_0 が棄却されて H_1 の内容を結論として断定してしまう誤り (第一種の誤り (type I error) といいます) を犯す確率 α を 0.01 や 0.05 と小さく設定していたからでした．そこで，H_0 が棄却されない場合も同様にして，H_0 の内容を結論として断定するには，本当は H_1 が成立しているのに H_0 が棄却されず H_0 の内容を結論として断定してしまう誤り (第二種の誤り (type II error) といいます) を犯す確率 β を小さく設定すれば良いと考えます．または余事象の確率で，本当は H_1 が成立していて H_0 が棄却される，つまり H_1 の内容を結論として断定する信頼度 $1-\beta$ (検定力 (power) または検出力といいます) を大きく設定すれば良いと考えます．表にまとめると次のようになります．

検定結果＼本当の成立	H_0 が成立	H_1 が成立
H_0 が棄却される	第一種の誤り (確率 α)	正しい (検定力 $1-\beta$)
H_0 が棄却されない	正しい (確率 $1-\alpha$)	第二種の誤り (確率 β)

ところが，この β は α や標本の大きさなどの影響を受けるため，勝手に小さく設定すれば良い，というわけにはいきません．設定の手順の1つとして以下のようなものがあります．

1. α を 0.01 や 0.05 と設定する．
2. H_1 で述べられている違いが，ある程度以上の場合，高い検定力 $1-\beta$ が出るように，違いの程度 (効果量) Δ と，0.8 以上の高い検定力 $1-\beta$ (0.2 以下の低い β) と，標本の大きさ n を設定する．

例 12.5 正規母集団の母分散 $\sigma^2 = 4$ のときの母平均 μ に対する右片側検定 $H_0 : \mu = 20, H_1 : \mu > 20$ について考えます．まず $\alpha = 0.05$ と設定します．すると正規分布表 II より H_0 の下で $P(Q > z) = \alpha$ となる $z = z(\alpha) = 1.6449$ なので検定力 $1 - \beta$ は以下のように表せます．

$$
\begin{aligned}
1 - \beta &= P(H_0\text{が棄却される} \mid H_1\text{が成立する}) \\
&= P\left(Q = \frac{\overline{X} - 20}{\sqrt{\frac{4}{n}}} > 1.6449 \,\middle|\, \mu > 20 \right) \\
&= P\left(\frac{\overline{X} - \mu}{\sqrt{\frac{4}{n}}} + \frac{\mu - 20}{\sqrt{\frac{4}{n}}} > 1.6449 \,\middle|\, \mu > 20 \right) \\
&= P\left(\frac{\overline{X} - \mu}{\sqrt{\frac{4}{n}}} > 1.6449 - \sqrt{n}\frac{\mu - 20}{2} \,\middle|\, \mu > 20 \right)
\end{aligned}
$$

(1) $\Delta = \dfrac{\mu - 20}{2} = 1.2, n = 9$ と設定したとき，正規分布表 I より検定力は

$$
\begin{aligned}
1 - \beta &= P\left(\frac{\overline{X} - \mu}{\sqrt{\frac{4}{n}}} > 1.6449 - \sqrt{9} \cdot 1.2 \,\middle|\, \mu > 20 \right) \\
&= P(N(0,1) > -1.9551) = 0.5 + 0.4750 = 0.9750
\end{aligned}
$$

と設定されていることになります ($\beta = 0.025$)．ここで現れた $1.6499 - \sqrt{9} \cdot 1.2 = z(\alpha) - \sqrt{n}\Delta$ は $n \to \infty$ のとき $-\infty$ に発散しますので $1 - \beta \underset{n\to\infty}{\longrightarrow} 1$，つまり標本が大きいほど検定力は高くなることがわかります．

(2) $\Delta = 1.2$ で検定力 $1-\beta$ が 0.8 以上となるようにするには，正規分布表 II から

$$
\begin{aligned}
& 1 - \beta = P\left(N(0,1) > 1.6449 - 1.2\sqrt{n}\right) \geqq 0.8 \\
\Longleftrightarrow\ & 1.6449 - 1.2\sqrt{n} \leqq -0.8416 \\
\Longleftrightarrow\ & 1.2\sqrt{n} \geqq 2.4865 \Longleftrightarrow n \geqq \left(\frac{2.4865}{1.2}\right)^2 = 4.293529
\end{aligned}
$$

より，標本の大きさ n を 5 以上に設定する必要があるとわかります．

R の解答例は p. 183 をご覧下さい．

12.5 回帰分析

ある母集団の 2 つの変数の組 (x, y) についての関係式 $y = f(x)$ (x を説明変数, y を被説明変数といいます) を知ろうとする方法を回帰分析 (regression analysis) といいます. 数式的には, ある母集団からの大きさ n の 2 変量標本データ $(x_1, y_1), \ldots, (x_n, y_n)$ から

$$y_i = f(x_i), \quad i = 1, \ldots, n$$

となる f を知ろうとする方法です. 例えば

(a) C 大生の何人かの (身長, 体重) から [C 大生の体重] = f(C 大生の身長) となる f を知ろうとする方法

(b) 1 年間の何日かの (気温, M 社のアイスの売り上げ) から [M 社のアイスの売り上げ] = f(気温) となる f を知ろうとする方法

です. また, 実験には誤差が伴いますので

$$\varepsilon_i : \begin{cases} \mathrm{E}[\varepsilon_i] = 0, \quad \mathrm{V}[\varepsilon_i] = \sigma^2, \\ \mathrm{E}[\varepsilon_i \varepsilon_j] = 0 \ (j \neq i) \end{cases} \text{をみたす確率変数}, \quad i = 1, \ldots, n$$

: 標本の i 番目の要素が抽出されたときの誤差

を導入し $y_i = f(x_i) + \varepsilon_i, \quad i = 1, \ldots, n$ となる f を求めることを考えます.

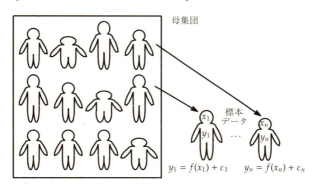

特に f を $f(x) = \alpha x + \beta$ の形で求める方法を線形回帰分析といいます. このとき

$y_i = \alpha x_i + \beta + \varepsilon_i \ (i = 1, \ldots, n)$ を母回帰方程式 (regression equation),

α, β を母回帰係数 (regression coefficient)

といいます.

12.6 母回帰係数の推定

未知の母回帰係数を，最小二乗法の意味で「散布図に最も近い」直線の，傾きと y 切片として推定する方法を紹介します．

● 最小二乗推定量：

最小二乗推定量 (least square estimater) とは誤差の二乗の和が最小となる (「最も近い」) 推定量のことです．これは母回帰方程式を変形すると

$$誤差\ \varepsilon_i = y_i - (\alpha x_i + \beta)\ (i = 1, \ldots, n)$$

となることに注意して，α, β の 2 変数関数

$$D(\alpha, \beta) = [誤差の二乗の和] = \sum_{i=1}^{n} \varepsilon_i^2 = \sum_{i=1}^{n} [y_i - (\alpha x_i + \beta)]^2$$

を最小にする α, β のことです．このときの α, β を $\hat{\alpha}, \hat{\beta}$ と書き，最小二乗推定量といいます．求め方を最小二乗法といいます．

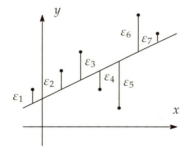

定理 12.6 $(x_1, y_1), (x_2, y_2), \ldots, (x_n, y_n)$ をある母集団からの 2 変量標本データ，$\hat{\alpha}, \hat{\beta}$ を α, β の最小二乗推定量とおくと

$$\hat{\alpha} = \frac{s_{xy}}{s_x^2}, \quad \hat{\beta} = \overline{y} - \hat{\alpha}\overline{x}$$

である．そして

$\hat{\alpha}, \hat{\beta}$ を α, β の 標本回帰係数 (sample regression coefficient)，

$y = \hat{\alpha}x + \hat{\beta}$ を (y を x で回帰した) 標本回帰直線 (sample regression line)

という．

覚え方と導き方

$$\underbrace{\begin{bmatrix} y \text{ の標準化} \\ \text{もどき} \end{bmatrix} = [\text{標本相関係数}] \begin{bmatrix} x \text{ の標準化} \\ \text{もどき} \end{bmatrix}}_{\text{覚える}} \iff \frac{y - \overline{y}}{s_y} = r_{xy} \frac{x - \overline{x}}{s_x}$$

$$\iff y = \boxed{r_{xy} \frac{s_y}{s_x}} x + \boxed{\overline{y} - r_{xy} \frac{s_y}{s_x} \overline{x}} = \boxed{\hat{\alpha}} x + \boxed{\hat{\beta}}$$

と導いてもよいですし

$$\hat{\alpha} = \underbrace{\frac{x, y \text{ の標本共分散}}{x \text{ の標本分散}}}_{\text{覚える}} = \frac{s_{xy}}{s_x^2},$$

$$y = \hat{\alpha}x + \hat{\beta} \text{を求めたい} \overset{\hat{\beta}\text{主役}}{\underset{\text{に変形}}{\iff}} \hat{\beta} = y - \hat{\alpha}x \overset{x \to \overline{x},}{\underset{y \to \overline{y}}{\iff}} \hat{\beta} = \overline{y} - \hat{\alpha}\overline{x}$$

と導いてもよいでしょう．ここで，定理 12.6 の証明で利用する，2 変数関数の極値の求め方を紹介します．

2 変数関数の極値の求め方

2 変数関数 $f(x, y)$ の極値の求め方の基本手順は以下の通りです．

1. f の偏導関数 f_x, f_y を計算し，$f_x = f_y = 0$ となる (x, y) をすべて求めます．(以下，1 つを $(x, y) = (a, b)$ とします．)

2. f の二次偏導関数 f_{xx}, f_{xy}, f_{yy} を計算し，ヘッシアン $\Delta(x, y) = f_{xx}f_{yy} - f_{xy}^2$ を計算します．

3. $\Delta(x, y)$ の (x, y) へ (a, b) を代入し，$\begin{cases} \Delta(a, b) > 0 \implies f(a, b) \text{ は極値}, \\ \Delta(a, b) < 0 \implies f(a, b) \text{ は極値ではない} \end{cases}$

   と判定します．

4. $\Delta(a, b) > 0$ のとき，$\begin{cases} f_{xx}(a, b) > 0 \implies f(a, b) \text{ は極小値}, \\ f_{xx}(a, b) < 0 \implies f(a, b) \text{ は極大値} \end{cases}$ と判定して求められ

   ます．(ただし以下の証明での 2 変数関数は変数を α, β とする $D(\alpha, \beta)$ であることに注意して下さい．)

証明. 定理 12.6 の証明：

$$\begin{cases} D_\alpha = -2\sum_{i=1}^n (y_i - \alpha x_i - \beta) x_i = 0, \\ D_\beta = -2\sum_{i=1}^n (y_i - \alpha x_i - \beta) = 0 \end{cases} \iff \begin{cases} \overline{x^2}\alpha + \overline{x}\beta = \overline{x \cdot y}, \\ \overline{x}\alpha + \beta = \overline{y} \end{cases} \iff \begin{cases} \alpha = \hat{\alpha}, \\ \beta = \hat{\beta}. \end{cases}$$

$$\left(\overline{x^2} = \frac{1}{n}\sum_{i=1}^n x_i^2, \quad \overline{x \cdot y} = \frac{1}{n}\sum_{i=1}^n x_i y_i \right)$$

ここで，$D_{\alpha\alpha} = 2\sum_{i=1}^n x_i^2$，$D_{\beta\beta} = 2\sum_{i=1}^n 1 = 2n$，$D_{\alpha\beta} = 2\sum_{i=1}^n x_i$ より，ヘッシアンは

$$\Delta(\alpha, \beta) = 4n\sum_{i=1}^n x_i^2 - 4\left(\sum_{i=1}^n x_i\right)^2 = 4n^2(\overline{x^2} - \overline{x}^2) = 4n^2 s_x^2.$$

よって，$\Delta(\hat{\alpha}, \hat{\beta}) = 4n^2 s_x^2 > 0 \implies D(\hat{\alpha}, \hat{\beta})$ は極値とわかる．さらに，

$$D_{\alpha\alpha}(\hat{\alpha}, \hat{\beta}) = 2\sum_{i=1}^n x_i^2 > 0 \implies D(\hat{\alpha}, \hat{\beta}) \text{ は極小値}.$$

つまり $D(\hat{\alpha}, \hat{\beta})$ はすべての実数 α, β に対して定められた 2 変数関数 D の唯一の極値 で，極小値であるので $D(\hat{\alpha}, \hat{\beta})$ は最小値 とわかる． □

問題 12.7 2 つの変数の組 (x, y) の標本データが

x	1.2	2.2	3.6	0.6	1.6
y	3.2	5.4	8.6	0.4	0.8

でした．y を x で回帰した標本回帰直線を求めなさい．

問題 12.8 C 大学の学生の (身長 (cm), 体重 (kg)) $(= (x, y))$ を調べて，次の度数分布表を得ました．y を x で回帰した標本回帰直線を求めなさい．

x \ y		43.5 ~ 52.5	52.5 ~ 61.5	61.5 ~ 70.5	合計
		48	57	66	
150.5 ~ 159.5	155	3	1	0	4
159.5 ~ 168.5	164	0	1	2	3
168.5 ~ 177.5	173	0	0	3	3
合計		3	2	5	10

12.7 誤差の分散の推定

最後に，2 変量標本データの x 座標が $x_1, \ldots, x_n$ で，誤差 ε_i ($i = 1, \ldots, n$) がすべて $N(0, \sigma^2)$ に従う場合の σ^2 の不偏推定量を紹介します．

- 残差 (residual)：$e_i = y_i - (\hat{\alpha} x_i + \hat{\beta})$, $i = 1, \ldots, n$ ：誤差の式で $\alpha, \beta \to \hat{\alpha}, \hat{\beta}$.

> **定理 12.9**
>
> $[\sigma^2 \text{の不偏推定量}] = \dfrac{1}{n-2} \sum_{i=1}^{n} e_i^2 \quad \left(\Longleftrightarrow \mathrm{E}\left[\dfrac{1}{n-2} \sum_{i=1}^{n} e_i^2 \right] = \dfrac{1}{n-2} \mathrm{E}\left[\sum_{i=1}^{n} e_i^2 \right] = \sigma^2 \right).$

証明． ε_i ($i = 1, \ldots, n$) は確率変数で，$x_1, \ldots, x_n, \overline{x}, s_x$ は確率変数でない (実現値である) ことに注意する．$\varepsilon_i = y_i - (\alpha x_i + \beta)$ より

$$
\begin{aligned}
e_i &= y_i - \hat{\alpha} x_i - \hat{\beta} = (\alpha - \hat{\alpha}) x_i + (\beta - \hat{\beta}) + \varepsilon_i \\
&= (\alpha - \hat{\alpha})(x_i - \overline{x}) + (\alpha - \hat{\alpha})\overline{x} + (\beta - \hat{\beta}) + \varepsilon_i \\
&\stackrel{(*1)}{=} (\alpha - \hat{\alpha})(x_i - \overline{x}) + (\varepsilon_i - \overline{\varepsilon}).
\end{aligned}
$$

ここで，$(*1)$ $(\alpha - \hat{\alpha})\overline{x} + (\beta - \hat{\beta}) = -\overline{\varepsilon}$ は，$\overline{y} = \hat{\alpha} \overline{x} + \hat{\beta}$ を利用して以下のように変形した．

$$
\overline{\varepsilon} = \frac{1}{n} \sum_{i=1}^{n} (y_i - \alpha x_i - \beta) = \overline{y} - \alpha \overline{x} - \beta = -\left[(\alpha - \hat{\alpha})\overline{x} + (\beta - \hat{\beta})\right].
$$

よって残差 e_i の二乗は以下のようになる．

$$
e_i^2 = (\alpha - \hat{\alpha})^2 (x_i - \overline{x})^2 + 2(\alpha - \hat{\alpha})(\varepsilon_i - \overline{\varepsilon})(x_i - \overline{x}) + (\varepsilon_i - \overline{\varepsilon})^2.
$$

すると残差の二乗和は以下のようになる．

$$
\sum_{i=1}^{n} e_i^2 = n \cdot \frac{1}{n} \sum_{i=1}^{n} e_i^2 = n\left[(\alpha - \hat{\alpha})^2 s_x^2 + 2(\alpha - \hat{\alpha}) S_{\varepsilon x} + S_\varepsilon^2 \right] \stackrel{(*2)}{=} n S_\varepsilon^2 - n(\alpha - \hat{\alpha})^2 s_x^2.
$$

ここで，$(*2)$ $S_{\varepsilon x} = -(\alpha - \hat{\alpha}) s_x^2$ は以下のように変形した．

$$
\begin{aligned}
& y_i - \overline{y} = \alpha(x_i - \overline{x}) + (\varepsilon_i - \overline{\varepsilon}) \\
\stackrel{\times (x_i - \overline{x})}{\Longrightarrow} & (x_i - \overline{x})(y_i - \overline{y}) = \alpha(x_i - \overline{x})^2 + (\varepsilon_i - \overline{\varepsilon})(x_i - \overline{x}) \\
\stackrel{\frac{1}{n}\sum_{i=1}^{n}}{\Longrightarrow} & s_{xy} = \alpha s_x^2 + S_{\varepsilon x} \\
\Longleftrightarrow & S_{\varepsilon x} = -\alpha s_x^2 + s_{xy} = -\alpha s_x^2 + \hat{\alpha} s_x^2 = -(\alpha - \hat{\alpha}) s_x^2.
\end{aligned}
$$

よって残差の二乗和の期待値は以下のようになるので証明が完了する．

$$
\begin{aligned}
\mathrm{E}\left[\sum_{i=1}^{n} e_j\right] &= n\mathrm{E}[S_\varepsilon^2] - n\mathrm{E}[(\alpha - \hat{\alpha})^2 s_x^2] \\
&= n \cdot \frac{n-1}{n}\mathrm{E}[U_\varepsilon^2] - n \cdot \mathrm{E}[(\alpha - \hat{\alpha})^2]s_x^2 \\
&\stackrel{(*3)}{=} (n-1)\sigma^2 - n \cdot \frac{\sigma^2}{n} = (n-2)\sigma^2.
\end{aligned}
$$

ここで，(*3) $\mathrm{E}[(\alpha - \hat{\alpha})^2] = \dfrac{\sigma^2}{ns_x^2}$ となるのは以下のように証明する．(*2) より

$$
\begin{aligned}
\mathrm{E}[(\alpha - \hat{\alpha})^2] &= \mathrm{E}\left[\frac{S_{\varepsilon x}^2}{s_x^4}\right] = \frac{1}{s_x^4}\mathrm{E}[S_{\varepsilon x}^2] = \frac{1}{n^2 s_x^4}\mathrm{E}\left[\left\{\sum_{i=1}^{n}(\varepsilon_i - \overline{\varepsilon})(x_i - \overline{x})\right\}^2\right] \\
&= \frac{1}{n^2 s_x^4}\sum_{i,j=1}^{n}\mathrm{E}[(\varepsilon_i - \overline{\varepsilon})(\varepsilon_j - \overline{\varepsilon})(x_i - \overline{x})(x_j - \overline{x})] \\
&= \frac{1}{n^2 s_x^4}\sum_{i,j=1}^{n}\mathrm{E}[(\varepsilon_i - \overline{\varepsilon})(\varepsilon_j - \overline{\varepsilon})](x_i - \overline{x})(x_j - \overline{x}) \\
&= \frac{1}{n^2 s_x^4}\sum_{i,j=1}^{n}\left(\mathrm{E}[\varepsilon_i \varepsilon_j] - \mathrm{E}[\varepsilon_i \overline{\varepsilon}] - \mathrm{E}[\overline{\varepsilon}\varepsilon_j] + \mathrm{E}[\overline{\varepsilon}^2]\right)(x_i - \overline{x})(x_j - \overline{x}).
\end{aligned}
$$

ここで

$$
\mathrm{E}[\varepsilon_i \varepsilon_j] = \begin{cases} 0 & (i \neq j), \\ \sigma^2 & (i = j), \end{cases} \quad \mathrm{E}[\varepsilon_i \overline{\varepsilon}] = \frac{1}{n}\sum_{k=1}^{n}\mathrm{E}[\varepsilon_i \varepsilon_k] = \frac{\sigma^2}{n} = \mathrm{E}[\overline{\varepsilon}\varepsilon_j],
$$

$$
\mathrm{E}[\overline{\varepsilon}^2] = \mathrm{V}[\overline{\varepsilon}] + \mathrm{E}[\overline{\varepsilon}]^2 = \frac{\sigma^2}{n} + 0 = \frac{\sigma^2}{n},
$$

$$
\sum_{i,j=1}^{n}(x_i - \overline{x})(x_j - \overline{x}) = \sum_{i=1}^{n}(x_i - \overline{x})\sum_{j=1}^{n}(x_j - \overline{x}) = 0 \cdot 0 = 0
$$

なので

$$
\mathrm{E}[(\alpha - \hat{\alpha})^2] = \frac{1}{n^2 s_x^4}\sum_{i=1}^{n}\sigma^2(x_i - \overline{x})^2 = \frac{\sigma^2}{ns_x^4}\frac{1}{n}\sum_{i=1}^{n}(x_i - \overline{x})^2 = \frac{\sigma^2}{ns_x^4}s_x^2 = \frac{\sigma^2}{ns_x^2}. \qquad \square
$$

第 13 章
補充問題

問題 13.1 あるサイコロを 10 回投げて次の結果を得ました.

$$5\ 1\ 1\ 4\ 1\ 5\ 6\ 1\ 1\ 4$$

標本平均,第 1, 2, 3 四分位数,上側ヒンジ,下側ヒンジ,最頻値,標本分散,標本標準偏差を求めなさい.

問題 13.2 あるパン会社は A, B, C 工場で全製品の 50％, 30％, 20％ を作っていて,各工場が不良品を出す割合は 0.1％, 1％, 2％ であるとします.この会社のパンを買って不良品であったとき,その不良品が B 工場で作られたものである確率を求めなさい.

問題 13.3 パーを確率 $\frac{3}{4}$,パー以外を確率 $\frac{1}{4}$ で出す人が 4 回独立にじゃんけんをしてパーを出した回数を X とします.
 (1) $X \sim \text{Bi}(n, p)$ となる n, p を述べなさい. (2) $E[X], V[X]$ を述べなさい.

問題 13.4 ある海水浴場での 1 日に出る急病人の数 X は平均 4 人のポアソン分布に従います.急病人が 1 日に 2 人出る確率を求めなさい.

問題 13.5 ある会社のくじは独立に 0.03 の確率で当たるとします.この会社のくじを 100 本引いたとき当たりが 3 本以上である確率を二項分布のポアソン分布による近似を用いて求めなさい.

問題 13.6 ある生き物の寿命 Y(歳) を，老化を考慮しないとして平均 50 の幾何分布に従う確率変数 X を用いて $Y = X - 1$ と表すことにします．

(1) この生き物の寿命が 40(歳) 以上である確率を求めなさい．

(2) この生き物の寿命が 40(歳) 以上であるという条件の下で，寿命が 80(歳) 以上である条件付確率を求めなさい．

問題 13.7 ある会社の電球の寿命 X(年) は平均 10 の指数分布に従います．

(1) この会社の電球の寿命が 30(年) 以上である確率を求めなさい．

(2) この会社の電球の寿命が 40(年) 以上であるという条件の下で，寿命が 80(年) 以上である条件付確率を求めなさい．

問題 13.8 $t_n \underset{n\to\infty}{\sim} N(0,1)$ を証明しなさい．

問題 13.9 ポアソン母集団 $Po(\lambda)$ からの無作為標本を $X_1, \ldots, X_n$ とします．標本平均 $\overline{X}$ は λ の不偏推定量です (例 10.1)．では $\overline{X}$ は λ の有効推定量ですか?

問題 13.10 正規母集団 $N(\mu, \sigma^2)$ から大きさ 10 の無作為標本を抽出して，次の結果を得ました．

データ A : 17.6 16.8 13.5 15.8 18.2 19.3 18.8 19.0 18.7 17.5

(1) $\sigma^2 = 0.25$ と知っているとき，μ の 95% 信頼区間を求めなさい．

(2) σ^2 を知らないとき，μ の 95% 信頼区間を求めなさい．

(3) σ^2 の 95% 信頼区間を求めなさい．

(4) さらにこの母集団と独立な正規母集団 $N(\mu', \sigma'^2)$ から 10 個の無作為標本を抽出して，次の結果を得ました．σ^2/σ'^2 の 98% 信頼区間を求めなさい．

データ B : 18.0 18.3 17.7 18.5 18.2 18.0 18.6 17.2 18.7 17.5

問題 13.11 A 国から 200 人を抽出して，77 人が A 国王を支持すると答えました．A 国全体の A 国王を支持する比率の 99% 信頼区間を求めなさい．

問題 13.12 **[a]** 正規母集団 $N(\mu, \sigma^2)$, $\sigma^2 = 0.50^2$, の母平均 μ が $18.6(=\mu_0)$ かどうかを標本の大きさ $n = 10$, 危険率 $\alpha = 0.01$ で両側検定します.

(1) 帰無仮説 H_0, 対立仮説 H_1 を述べなさい.

(2) (1) を検討するのに適切な検定統計量 Q を述べなさい.

(3) (2) の Q が H_0 の下で $P(Q < -c$ または $c < Q) = \alpha$ となる c を述べなさい.

(4) この母集団から大きさ 10 の無作為標本を抽出してデータ A を得ました. 母平均 μ は 18.6 でないといえますか.

[b] 正規母集団 $N(\mu, \sigma^2)$, σ^2 : 未知, の母平均 μ が $18.5(=\mu_0)$ かどうかを標本の大きさ $n = 10$, 危険率 $\alpha = 0.01$ で両側検定します.

(1) 帰無仮説 H_0, 対立仮説 H_1 を述べなさい.

(2) (1) を検討するのに適切な検定統計量 Q を述べなさい.

(3) (2) の Q が H_0 の下で $P(Q < -c$ または $c < Q) = \alpha$ となる c を述べなさい.

(4) この母集団から大きさ 10 の無作為標本を抽出してデータ A を得ました. 母平均 μ は 18.5 でないといえますか.

[c] 正規母集団 $N(\mu, \sigma^2)$, σ^2 : 未知, の母分散 σ^2 が $0.25(=\sigma_0^2)$ かどうかを標本の大きさ $n = 10$, 危険率 $\alpha = 0.01$ で両側検定します.

(1) 帰無仮説 H_0, 対立仮説 H_1 を述べなさい.

(2) (1) を検討するのに適切な検定統計量 Q を述べなさい.

(3) (2) の Q が H_0 の下で $P(Q < c_1$ または $c_2 < Q) = \alpha$ となる c_1, c_2 を述べなさい.

(4) この母集団から大きさ 10 の無作為標本を抽出してデータ A を得ました. 母分散 σ^2 は 0.25 でないといえますか.

[d] 独立な 2 つの正規母集団 $N(\mu_A, \sigma_A^2), N(\mu_B, \sigma_B^2)$ の母分散 σ_A^2, σ_B^2 が等しいかどうかを各母集団からの標本の大きさ $n_A = 10, n_B = 10$, 危険率 $\alpha = 0.1$ で両側検定します.

(1) 帰無仮説 H_0, 対立仮説 H_1 を述べなさい.

(2) (1) を検討するのに適切な検定統計量 Q を述べなさい.

(3) (2) の Q が H_0 の下で $P(Q < c_1$ または $c_2 < Q) = \alpha$ となる c_1, c_2 を述べなさい.

(4) この 2 つの母集団からそれぞれ大きさ 10 の無作為標本を抽出して, $N(\mu_A, \sigma_A^2)$ からはデータ A, $N(\mu_B, \sigma_B^2)$ からはデータ B を得ました. 母分散 σ_A^2, σ_B^2 は異なるといえますか.

データ A : 18.0 18.3 17.7 18.5 18.0 18.6 17.2 18.7 18.2 17.5
データ B : 17.6 16.8 23.5 15.8 9.3 18.8 19.0 18.7 18.2 17.5

問題 13.13 国王の支持率 p が 0.3 以下の国で，国王の支持率 p が $0.3 (= p_0)$ より真に低いかどうかを，国民 200 人を抽出して，危険率 $\alpha = 0.01$ で左片側検定します．

(1) 帰無仮説 H_0，対立仮説 H_1 を述べなさい．
(2) (1) を検討するのに適切な検定統計量 Q を述べなさい．
(3) (2) の Q が H_0 の下で $P(Q < -c) = \alpha$ となる c を述べなさい．
(4) 国民 200 人を抽出したら 30 人が国王を支持すると答えました．国王の支持率 p は 0.3 より真に低いといえますか．

問題 13.14 ある人のじゃんけんの手の出し方が，一般人の手の出し方「グーの確率 $\pi_1 = 0.35$，チョキの確率 $\pi_2 = 0.32$，パーの確率 $\pi_3 = 0.33$」と同じかどうかを，じゃんけんを 50 回行って，危険率 $\alpha = 0.05$ で検定します．

(1) 帰無仮説 H_0，対立仮説 H_1 を述べなさい．
(2) (1) を検定するのに適切な検定統計量 Q を述べなさい．
(3) (2) の Q が H_0 の下で $P(Q > c) = \alpha$ となる c を述べなさい．
(4) この人がじゃんけんを 50 回行った結果は以下の通りでした．この人の出し方は一般人の出し方と異なるといえますか．

グー	チョキ	パー	合計
25	14	11	50

問題 13.15 風邪予防薬の A：服用の有無 (A_1：服用有, A_2：服用無)，B：風邪の発病 (B_1：発病, B_2：発病せず) が独立かどうかを，195 人を抽出して，危険率 $\alpha = 0.05$ で検定します．

(1) 帰無仮説 H_0，対立仮説 H_1 を述べなさい．
(2) (1) を検定するのに適切な検定統計量 Q を述べなさい．
(3) (2) の Q が H_0 の下で $P(Q > c) = \alpha$ となる c を述べなさい．
(4) 195 人を無作為に抽出して以下の結果を得ました．この予防薬の服用の有無と風邪の発病は独立でないといえますか．

A \ B	B_1	B_2	合計
A_1	18	67	85
A_2	45	65	110
合計	63	132	195

付録 A
数表

この章には本書で使用される数値が表にまとめられています．R による数値の出し方も以下に記載します．入力する数値を変更することにより好みの数表を作ることができます．

二項分布表の作り方

```
> p <- c(0.01, 0.05, 0.10, 0.15, 0.20,
+        0.25, 0.30, 0.35, 0.40, 0.45, 0.50)
> a <- matrix(1:(65*11), nrow=65, byrow=TRUE)
> for (n in 1:10)
+ {for (z in 0:n)
+ {for (i in 1:11)
+ {a[z+1+(n-1)*(n+2)/2,i] <- round(pbinom(z, n, p[i]), 4)}}}
> a
```

ただし，p.135 の表では $n = 0, 1, 2$ と $P(\text{Bi}(n,p) \leq n) = 1$ は省略しました．

正規分布表 I の作り方

```
> a <- NULL
> for(i in 1:350)
+ {a[i] <- round(pnorm((i-1)/(100), 0, 1)-0.5, 4)}
> matrix(c(a), nrow=35, byrow=TRUE)
```

正規分布表 II の作り方

```
> a <- NULL
> for(i in 1:500)
+ {a[i] <- round(qnorm((i-1)/(1000), 0, 1, lower.tail=FALSE),
+                                                          4)}
> matrix(c(a), nrow=50, byrow=TRUE)
```

χ^2 分布表の作り方

```
> a <- matrix(1:240, nrow=30)
> p <- c(0.995, 0.99, 0.975, 0.95, 0.05, 0.025, 0.01, 0.005)
> for(n in 1:30)
+ {for(i in 1:8)
+ {a[n,i] <- round(qchisq(p[i], n, lower.tail=FALSE), 2)}}
> i <- matrix(c(a), nrow=30)
> for(i in 1:8)
+ {a[1,i] <- round(qchisq(p[i], 1, lower.tail=FALSE))}
> a
```

t 分布表の作り方

```
> a <- matrix(1:270, nrow=30, byrow=TRUE)
> p <- c(0.25, 0.2, 0.15, 0.1,
+         0.05, 0.025, 0.01, 0.005, 0.0005)
> for(n in 1:30)
+ {for(i in 1:9)
+ {a[n,i] <- round(qt(p[i], n, lower.tail=FALSE),
+                                                3)}}
> matrix(c(a), nrow=30)
```

F 分布表 (1) の作り方

```
> a <- matrix(1:400, nrow=20)
> for(m in 1:20)
+ {for(n in 1:20)
+ {a[m,n]<-round(qf(0.05, n, m, lower.tail=FALSE), 2)}}
> matrix(c(a), nrow=20)
```

F 分布表 (2) の作り方

```
> a <- matrix(1:400,nrow=20)
> for(m in 1:20)
+ {for(n in 1:20)
+ {a[m,n]<-round(qf(0.01, n, m, lower.tail=FALSE), 2)}}
> matrix(c(a), nrow=20)
```

二項分布表

$$P(\text{Bi}(n,p) \leq z) = \sum_{x=0}^{z} {}_nC_x p^x (1-p)^{n-x} = \alpha = \mathtt{pbinom}(z,n,p)$$

n	z	.01	.05	.10	.15	.20	.25	.30	.35	.40	.45	.50
3	0	.9703	.8574	.7290	.6141	.5120	.4219	.3430	.2746	.2160	.1664	.1250
3	1	.9997	.9928	.9720	.9392	.8960	.8438	.7840	.7183	.6480	.5748	.5000
3	2	1	.9999	.9990	.9966	.9920	.9844	.9730	.9571	.9360	.9089	.8750
4	0	.9606	.8145	.6561	.5220	.4096	.3164	.2401	.1785	.1296	.0915	.0625
4	1	.9994	.9860	.9477	.8905	.8192	.7383	.6517	.5630	.4752	.3910	.3125
4	2	1	.9995	.9963	.9880	.9728	.9492	.9163	.8735	.8208	.7585	.6875
4	3	1	1	.9999	.9995	.9984	.9961	.9919	.9850	.9744	.9590	.9375
5	0	.9510	.7738	.5905	.4437	.3277	.2373	.1681	.1160	.0778	.0503	.0312
5	1	.9990	.9774	.9185	.8352	.7373	.6328	.5282	.4284	.3370	.2562	.1875
5	2	1	.9988	.9914	.9734	.9421	.8965	.8369	.7648	.6826	.5931	.5000
5	3	1	1	.9995	.9978	.9933	.9844	.9692	.9460	.9130	.8688	.8125
5	4	1	1	1	.9999	.9997	.9990	.9976	.9947	.9898	.9815	.9688
6	0	.9415	.7351	.5314	.3771	.2621	.1780	.1176	.0754	.0467	.0277	.0156
6	1	.9985	.9672	.8857	.7765	.6554	.5339	.4202	.3191	.2333	.1636	.1094
6	2	1	.9978	.9842	.9527	.9011	.8306	.7443	.6471	.5443	.4415	.3437
6	3	1	.9999	.9987	.9941	.9830	.9624	.9295	.8826	.8208	.7447	.6562
6	4	1	1	.9999	.9996	.9984	.9954	.9891	.9777	.9590	.9308	.8906
6	5	1	1	1	1	.9999	.9998	.9993	.9982	.9959	.9917	.9844
7	0	.9321	.6983	.4783	.3206	.2097	.1335	.0824	.0490	.0280	.0152	.0078
7	1	.9980	.9556	.8503	.7166	.5767	.4449	.3294	.2338	.1586	.1024	.0625
7	2	1	.9962	.9743	.9262	.8520	.7564	.6471	.5323	.4199	.3164	.2266
7	3	1	.9998	.9973	.9879	.9667	.9294	.8740	.8002	.7102	.6083	.5000
7	4	1	1	.9998	.9988	.9953	.9871	.9712	.9444	.9037	.8471	.7734
7	5	1	1	1	.9999	.9996	.9987	.9962	.9910	.9812	.9643	.9375
7	6	1	1	1	1	1	.9999	.9998	.9994	.9984	.9963	.9922
8	0	.9227	.6634	.4305	.2725	.1678	.1001	.0576	.0319	.0168	.0084	.0039
8	1	.9973	.9428	.8131	.6572	.5033	.3671	.2553	.1691	.1064	.0632	.0352
8	2	.9999	.9942	.9619	.8948	.7969	.6785	.5518	.4278	.3154	.2201	.1445
8	3	1	.9996	.9950	.9786	.9437	.8862	.8059	.7064	.5941	.4770	.3633
8	4	1	1	.9996	.9971	.9896	.9727	.9420	.8939	.8263	.7396	.6367
8	5	1	1	1	.9998	.9988	.9958	.9887	.9747	.9502	.9115	.8555
8	6	1	1	1	1	.9999	.9996	.9987	.9964	.9915	.9819	.9648
8	7	1	1	1	1	1	1	.9999	.9998	.9993	.9983	.9961
9	0	.9135	.6302	.3874	.2316	.1342	.0751	.0404	.0207	.0101	.0046	.0020
9	1	.9966	.9288	.7748	.5995	.4362	.3003	.1960	.1211	.0705	.0385	.0195
9	2	.9999	.9916	.9470	.8591	.7382	.6007	.4628	.3373	.2318	.1495	.0898
9	3	1	.9994	.9917	.9661	.9144	.8343	.7297	.6089	.4826	.3614	.2539
9	4	1	1	.9991	.9944	.9804	.9511	.9012	.8283	.7334	.6214	.5000
9	5	1	1	.9999	.9994	.9969	.9900	.9747	.9464	.9006	.8342	.7461
9	6	1	1	1	1	.9997	.9987	.9957	.9888	.9750	.9502	.9102
9	7	1	1	1	1	1	.9999	.9996	.9986	.9962	.9909	.9805
9	8	1	1	1	1	1	1	1	.9999	.9997	.9992	.9980
10	0	.9044	.5987	.3487	.1969	.1074	.0563	.0282	.0135	.0060	.0025	.0010
10	1	.9957	.9139	.7361	.5443	.3758	.2440	.1493	.0860	.0464	.0233	.0107
10	2	.9999	.9885	.9298	.8202	.6778	.5256	.3828	.2616	.1673	.0996	.0547
10	3	1	.9990	.9872	.9500	.8791	.7759	.6496	.5138	.3823	.2660	.1719
10	4	1	.9999	.9984	.9901	.9672	.9219	.8497	.7515	.6331	.5044	.3770
10	5	1	1	.9999	.9986	.9936	.9803	.9527	.9051	.8338	.7384	.6230
10	6	1	1	1	.9999	.9991	.9965	.9894	.9740	.9452	.8980	.8281
10	7	1	1	1	1	.9999	.9996	.9984	.9952	.9877	.9726	.9453
10	8	1	1	1	1	1	1	.9999	.9995	.9983	.9955	.9893
10	9	1	1	1	1	1	1	1	.9999	.9997	.9997	.9990

正規分布表 I   P(0 ≦ N(0,1) ≦ z) = α =

の面積 = pnorm(z, 0, 1) − 0.5

z	0.00	0.01	0.02	0.03	0.04	0.05	0.06	0.07	0.08	0.09
0.0	.0000	.0040	.0080	.0120	.0160	.0199	.0239	.0279	.0319	.0359
0.1	.0398	.0438	.0478	.0517	.0557	.0596	.0636	.0675	.0714	.0753
0.2	.0793	.0832	.0871	.0910	.0948	.0987	.1026	.1064	.1103	.1141
0.3	.1179	.1217	.1255	.1293	.1331	.1368	.1406	.1443	.1480	.1517
0.4	.1554	.1591	.1628	.1664	.1700	.1736	.1772	.1808	.1844	.1879
0.5	.1915	.1950	.1985	.2019	.2054	.2088	.2123	.2157	.2190	.2224
0.6	.2257	.2291	.2324	.2357	.2389	.2422	.2454	.2486	.2517	.2549
0.7	.2580	.2611	.2642	.2673	.2704	.2734	.2764	.2794	.2823	.2852
0.8	.2881	.2910	.2939	.2967	.2995	.3023	.3051	.3078	.3106	.3133
0.9	.3159	.3186	.3212	.3238	.3264	.3289	.3315	.3340	.3365	.3389
1.0	.3413	.3438	.3461	.3485	.3508	.3531	.3554	.3577	.3599	.3621
1.1	.3643	.3665	.3686	.3708	.3729	.3749	.3770	.3790	.3810	.3830
1.2	.3849	.3869	.3888	.3907	.3925	.3944	.3962	.3980	.3997	.4015
1.3	.4032	.4049	.4066	.4082	.4099	.4115	.4131	.4147	.4162	.4177
1.4	.4192	.4207	.4222	.4236	.4251	.4265	.4279	.4292	.4306	.4319
1.5	.4332	.4345	.4357	.4370	.4382	.4394	.4406	.4418	.4429	.4441
1.6	.4452	.4463	.4474	.4484	.4495	.4505	.4515	.4525	.4535	.4545
1.7	.4554	.4564	.4573	.4582	.4591	.4599	.4608	.4616	.4625	.4633
1.8	.4641	.4649	.4656	.4664	.4671	.4678	.4686	.4693	.4699	.4706
1.9	.4713	.4719	.4726	.4732	.4738	.4744	.4750	.4756	.4761	.4767
2.0	.4772	.4778	.4783	.4788	.4793	.4798	.4803	.4808	.4812	.4817
2.1	.4821	.4826	.4830	.4834	.4838	.4842	.4846	.4850	.4854	.4857
2.2	.4861	.4864	.4868	.4871	.4875	.4878	.4881	.4884	.4887	.4890
2.3	.4893	.4896	.4898	.4901	.4904	.4906	.4909	.4911	.4913	.4916
2.4	.4918	.4920	.4922	.4925	.4927	.4929	.4931	.4932	.4934	.4936
2.5	.4938	.4940	.4941	.4943	.4945	.4946	.4948	.4949	.4951	.4952
2.6	.4953	.4955	.4956	.4957	.4959	.4960	.4961	.4962	.4963	.4964
2.7	.4965	.4966	.4967	.4968	.4969	.4970	.4971	.4972	.4973	.4974
2.8	.4974	.4975	.4976	.4977	.4977	.4978	.4979	.4979	.4980	.4981
2.9	.4981	.4982	.4982	.4983	.4984	.4984	.4985	.4985	.4986	.4986
3.0	.4987	.4987	.4987	.4988	.4988	.4989	.4989	.4989	.4990	.4990
3.1	.4990	.4991	.4991	.4991	.4992	.4992	.4992	.4992	.4993	.4993
3.2	.4993	.4993	.4994	.4994	.4994	.4994	.4994	.4995	.4995	.4995
3.3	.4995	.4995	.4995	.4996	.4996	.4996	.4996	.4996	.4996	.4997
3.4	.4997	.4997	.4997	.4997	.4997	.4997	.4997	.4997	.4997	.4998

正規分布表 II

$P(N(0,1) \geq z) = \alpha$ となる $z = $ 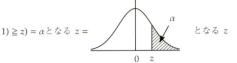 となる z

$= \text{qnorm}(\alpha, 0, 1, \text{lower.tail} = \text{FALSE})$

α	.000	.001	.002	.003	.004	.005	.006	.007	.008	.009
.00	∞	3.0902	2.8782	2.7478	2.6521	2.5758	2.5121	2.4573	2.4089	2.3656
.01	2.3263	2.2904	2.2571	2.2262	2.1973	2.1701	2.1444	2.1201	2.0969	2.0749
.02	2.0537	2.0335	2.0141	1.9954	1.9774	1.9600	1.9431	1.9268	1.9110	1.8957
.03	1.8808	1.8663	1.8522	1.8384	1.8250	1.8119	1.7991	1.7866	1.7744	1.7624
.04	1.7507	1.7392	1.7279	1.7169	1.7060	1.6954	1.6849	1.6747	1.6646	1.6546
.05	1.6449	1.6352	1.6258	1.6164	1.6072	1.5982	1.5893	1.5805	1.5718	1.5632
.06	1.5548	1.5464	1.5382	1.5301	1.5220	1.5141	1.5063	1.4985	1.4909	1.4833
.07	1.4758	1.4684	1.4611	1.4538	1.4466	1.4395	1.4325	1.4255	1.4187	1.4118
.08	1.4051	1.3984	1.3917	1.3852	1.3787	1.3722	1.3658	1.3595	1.3532	1.3469
.09	1.3408	1.3346	1.3285	1.3225	1.3165	1.3106	1.3047	1.2988	1.2930	1.2873
.10	1.2816	1.2759	1.2702	1.2646	1.2591	1.2536	1.2481	1.2426	1.2372	1.2319
.11	1.2265	1.2212	1.2160	1.2107	1.2055	1.2004	1.1952	1.1901	1.1850	1.1800
.12	1.1750	1.1700	1.1650	1.1601	1.1552	1.1503	1.1455	1.1407	1.1359	1.1311
.13	1.1264	1.1217	1.1170	1.1123	1.1077	1.1031	1.0985	1.0939	1.0893	1.0848
.14	1.0803	1.0758	1.0714	1.0669	1.0625	1.0581	1.0537	1.0494	1.0450	1.0407
.15	1.0364	1.0322	1.0279	1.0237	1.0194	1.0152	1.0110	1.0069	1.0027	0.9986
.16	0.9945	0.9904	0.9863	0.9822	0.9782	0.9741	0.9701	0.9661	0.9621	0.9581
.17	0.9542	0.9502	0.9463	0.9424	0.9385	0.9346	0.9307	0.9269	0.9230	0.9192
.18	0.9154	0.9116	0.9078	0.9040	0.9002	0.8965	0.8927	0.8890	0.8853	0.8816
.19	0.8779	0.8742	0.8705	0.8669	0.8633	0.8596	0.8560	0.8524	0.8488	0.8452
.20	0.8416	0.8381	0.8345	0.8310	0.8274	0.8239	0.8204	0.8169	0.8134	0.8099
.21	0.8064	0.8030	0.7995	0.7961	0.7926	0.7892	0.7858	0.7824	0.7790	0.7756
.22	0.7722	0.7688	0.7655	0.7621	0.7588	0.7554	0.7521	0.7488	0.7454	0.7421
.23	0.7388	0.7356	0.7323	0.7290	0.7257	0.7225	0.7192	0.7160	0.7128	0.7095
.24	0.7063	0.7031	0.6999	0.6967	0.6935	0.6903	0.6871	0.6840	0.6808	0.6776
.25	0.6745	0.6713	0.6682	0.6651	0.6620	0.6588	0.6557	0.6526	0.6495	0.6464
.26	0.6433	0.6403	0.6372	0.6341	0.6311	0.6280	0.6250	0.6219	0.6189	0.6158
.27	0.6128	0.6098	0.6068	0.6038	0.6008	0.5978	0.5948	0.5918	0.5888	0.5858
.28	0.5828	0.5799	0.5769	0.5740	0.5710	0.5681	0.5651	0.5622	0.5592	0.5563
.29	0.5534	0.5505	0.5476	0.5446	0.5417	0.5388	0.5359	0.5330	0.5302	0.5273
.30	0.5244	0.5215	0.5187	0.5158	0.5129	0.5101	0.5072	0.5044	0.5015	0.4987
.31	0.4959	0.4930	0.4902	0.4874	0.4845	0.4817	0.4789	0.4761	0.4733	0.4705
.32	0.4677	0.4649	0.4621	0.4593	0.4565	0.4538	0.4510	0.4482	0.4454	0.4427
.33	0.4399	0.4372	0.4344	0.4316	0.4289	0.4261	0.4234	0.4207	0.4179	0.4152
.34	0.4125	0.4097	0.4070	0.4043	0.4016	0.3989	0.3961	0.3934	0.3907	0.3880
.35	0.3853	0.3826	0.3799	0.3772	0.3745	0.3719	0.3692	0.3665	0.3638	0.3611
.36	0.3585	0.3558	0.3531	0.3505	0.3478	0.3451	0.3425	0.3398	0.3372	0.3345
.37	0.3319	0.3292	0.3266	0.3239	0.3213	0.3186	0.3160	0.3134	0.3107	0.3081
.38	0.3055	0.3029	0.3002	0.2976	0.2950	0.2924	0.2898	0.2871	0.2845	0.2819
.39	0.2793	0.2767	0.2741	0.2715	0.2689	0.2663	0.2637	0.2611	0.2585	0.2559

χ^2 分布表

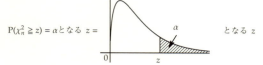

$P(\chi_n^2 \geq z) = \alpha$ となる $z = $ となる z

$= \text{qchisq}(\alpha, n, \text{lower.tail} = \text{FALSE}))$

n \ α	0.995	0.99	0.975	0.95	0.05	0.025	0.01	0.005
1	$0.0^4 393$	$0.0^3 157$	$0.0^3 982$	$0.0^2 393$	3.84	5.02	6.63	7.88
2	0.0100	0.0201	0.0506	0.103	5.99	7.38	9.21	10.60
3	0.07	0.11	0.22	0.35	7.81	9.35	11.34	12.84
4	0.21	0.30	0.48	0.71	9.49	11.14	13.28	14.86
5	0.41	0.55	0.83	1.15	11.07	12.83	15.09	16.75
6	0.68	0.87	1.24	1.64	12.59	14.45	16.81	18.55
7	0.99	1.24	1.69	2.17	14.07	16.01	18.48	20.28
8	1.34	1.65	2.18	2.73	15.51	17.53	20.09	21.95
9	1.73	2.09	2.70	3.33	16.92	19.02	21.67	23.59
10	2.16	2.56	3.25	3.94	18.31	20.48	23.21	25.19
11	2.60	3.05	3.82	4.57	19.68	21.92	24.72	26.76
12	3.07	3.57	4.40	5.23	21.03	23.34	26.22	28.30
13	3.57	4.11	5.01	5.89	22.36	24.74	27.69	29.82
14	4.07	4.66	5.63	6.57	23.68	26.12	29.14	31.32
15	4.60	5.23	6.26	7.26	25.00	27.49	30.58	32.80
16	5.14	5.81	6.91	7.96	26.30	28.85	32.00	34.27
17	5.70	6.41	7.56	8.67	27.59	30.19	33.41	35.72
18	6.26	7.01	8.23	9.39	28.87	31.53	34.81	37.16
19	6.84	7.63	8.91	10.12	30.14	32.85	36.19	38.58
20	7.43	8.26	9.59	10.85	31.41	34.17	37.57	40.00
21	8.03	8.90	10.28	11.59	32.67	35.48	38.93	41.40
22	8.64	9.54	10.98	12.34	33.92	36.78	40.29	42.80
23	9.26	10.20	11.69	13.09	35.17	38.08	41.64	44.18
24	9.89	10.86	12.40	13.85	36.42	39.36	42.98	45.56
25	10.52	11.52	13.12	14.61	37.65	40.65	44.31	46.93
26	11.16	12.20	13.84	15.38	38.89	41.92	45.64	48.29
27	11.81	12.88	14.57	16.15	40.11	43.19	46.96	49.64
28	12.46	13.56	15.31	16.93	41.34	44.46	48.28	50.99
29	13.12	14.26	16.05	17.71	42.56	45.72	49.59	52.34
30	13.79	14.95	16.79	18.49	43.77	46.98	50.89	53.67

t 分布表

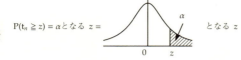

$P(t_n \geq z) = \alpha$ となる $z = $ となる z

$= \mathtt{qt}(\alpha, n, \mathtt{lower.tail} = \mathtt{FALSE})$

n \ α	0.25	0.20	0.15	0.10	0.05	0.025	0.01	0.005	0.0005
1	1.000	1.376	1.963	3.078	6.314	12.706	31.821	63.657	636.619
2	0.816	1.061	1.386	1.886	2.920	4.303	6.965	9.925	31.599
3	0.765	0.978	1.250	1.638	2.353	3.182	4.541	5.841	12.924
4	0.741	0.941	1.190	1.533	2.132	2.776	3.747	4.604	8.610
5	0.727	0.920	1.156	1.476	2.015	2.571	3.365	4.032	6.869
6	0.718	0.906	1.134	1.440	1.943	2.447	3.143	3.707	5.959
7	0.711	0.896	1.119	1.415	1.895	2.365	2.998	3.499	5.408
8	0.706	0.889	1.108	1.397	1.860	2.306	2.896	3.355	5.041
9	0.703	0.883	1.100	1.383	1.833	2.262	2.821	3.250	4.781
10	0.700	0.879	1.093	1.372	1.812	2.228	2.764	3.169	4.587
11	0.697	0.876	1.088	1.363	1.796	2.201	2.718	3.106	4.437
12	0.695	0.873	1.083	1.356	1.782	2.179	2.681	3.055	4.318
13	0.694	0.870	1.079	1.350	1.771	2.160	2.650	3.012	4.221
14	0.692	0.868	1.076	1.345	1.761	2.145	2.624	2.977	4.140
15	0.691	0.866	1.074	1.341	1.753	2.131	2.602	2.947	4.073
16	0.690	0.865	1.071	1.337	1.746	2.120	2.583	2.921	4.015
17	0.689	0.863	1.069	1.333	1.740	2.110	2.567	2.898	3.965
18	0.688	0.862	1.067	1.330	1.734	2.101	2.552	2.878	3.922
19	0.688	0.861	1.066	1.328	1.729	2.093	2.539	2.861	3.883
20	0.687	0.860	1.064	1.325	1.725	2.086	2.528	2.845	3.850
21	0.686	0.859	1.063	1.323	1.721	2.080	2.518	2.831	3.819
22	0.686	0.858	1.061	1.321	1.717	2.074	2.508	2.819	3.792
23	0.685	0.858	1.060	1.319	1.714	2.069	2.500	2.807	3.768
24	0.685	0.857	1.059	1.318	1.711	2.064	2.492	2.797	3.745
25	0.684	0.856	1.058	1.316	1.708	2.060	2.485	2.787	3.725
26	0.684	0.856	1.058	1.315	1.706	2.056	2.479	2.779	3.707
27	0.684	0.855	1.057	1.314	1.703	2.052	2.473	2.771	3.690
28	0.683	0.855	1.056	1.313	1.701	2.048	2.467	2.763	3.674
29	0.683	0.854	1.055	1.311	1.699	2.045	2.462	2.756	3.659
30	0.683	0.854	1.055	1.310	1.697	2.042	2.457	2.750	3.646

F 分布表 (1)

$P(F_m^n \geq z) = 0.05$ となる $z =$ となる z

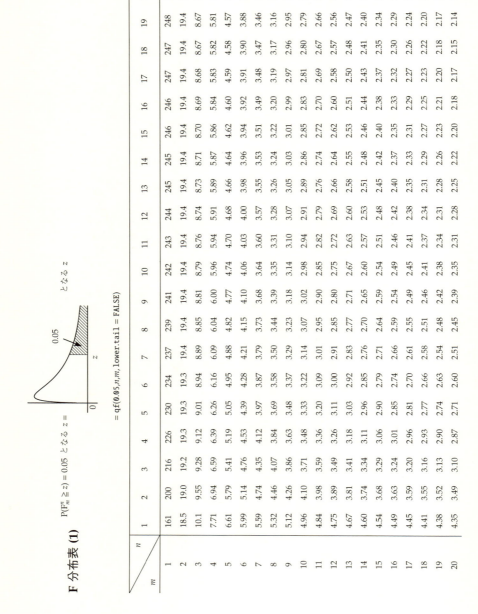

$= \mathrm{qf}(0.05, n, m, \mathrm{lower.tail} = \mathrm{FALSE})$

m\n	1	2	3	4	5	6	7	8	9	10	11	12	13	14	15	16	17	18	19	20
1	161	200	216	226	230	234	237	239	241	242	243	244	245	245	246	246	247	247	248	248
2	18.5	19.0	19.2	19.3	19.3	19.3	19.4	19.4	19.4	19.4	19.4	19.4	19.4	19.4	19.4	19.4	19.4	19.4	19.4	19.5
3	10.1	9.55	9.28	9.12	9.01	8.94	8.89	8.85	8.81	8.79	8.76	8.74	8.73	8.71	8.70	8.69	8.68	8.67	8.67	8.66
4	7.71	6.94	6.59	6.39	6.26	6.16	6.09	6.04	6.00	5.96	5.94	5.91	5.89	5.87	5.86	5.84	5.83	5.82	5.81	5.80
5	6.61	5.79	5.41	5.19	5.05	4.95	4.88	4.82	4.77	4.74	4.70	4.68	4.66	4.64	4.62	4.60	4.59	4.58	4.57	4.56
6	5.99	5.14	4.76	4.53	4.39	4.28	4.21	4.15	4.10	4.06	4.03	4.00	3.98	3.96	3.94	3.92	3.91	3.90	3.88	3.87
7	5.59	4.74	4.35	4.12	3.97	3.87	3.79	3.73	3.68	3.64	3.60	3.57	3.55	3.53	3.51	3.49	3.48	3.47	3.46	3.44
8	5.32	4.46	4.07	3.84	3.69	3.58	3.50	3.44	3.39	3.35	3.31	3.28	3.26	3.24	3.22	3.20	3.19	3.17	3.16	3.15
9	5.12	4.26	3.86	3.63	3.48	3.37	3.29	3.23	3.18	3.14	3.10	3.07	3.05	3.03	3.01	2.99	2.97	2.96	2.95	2.94
10	4.96	4.10	3.71	3.48	3.33	3.22	3.14	3.07	3.02	2.98	2.94	2.91	2.89	2.86	2.85	2.83	2.81	2.80	2.79	2.77
11	4.84	3.98	3.59	3.36	3.20	3.09	3.01	2.95	2.90	2.85	2.82	2.79	2.76	2.74	2.72	2.70	2.69	2.67	2.66	2.65
12	4.75	3.89	3.49	3.26	3.11	3.00	2.91	2.85	2.80	2.75	2.72	2.69	2.66	2.64	2.62	2.60	2.58	2.57	2.56	2.54
13	4.67	3.81	3.41	3.18	3.03	2.92	2.83	2.77	2.71	2.67	2.63	2.60	2.58	2.55	2.53	2.51	2.50	2.48	2.47	2.46
14	4.60	3.74	3.34	3.11	2.96	2.85	2.76	2.70	2.65	2.60	2.57	2.53	2.51	2.48	2.46	2.44	2.43	2.41	2.40	2.39
15	4.54	3.68	3.29	3.06	2.90	2.79	2.71	2.64	2.59	2.54	2.51	2.48	2.45	2.42	2.40	2.38	2.37	2.35	2.34	2.33
16	4.49	3.63	3.24	3.01	2.85	2.74	2.66	2.59	2.54	2.49	2.46	2.42	2.40	2.37	2.35	2.33	2.32	2.30	2.29	2.28
17	4.45	3.59	3.20	2.96	2.81	2.70	2.61	2.55	2.49	2.45	2.41	2.38	2.35	2.33	2.31	2.29	2.27	2.26	2.24	2.23
18	4.41	3.55	3.16	2.93	2.77	2.66	2.58	2.51	2.46	2.41	2.37	2.34	2.31	2.29	2.27	2.25	2.23	2.22	2.20	2.19
19	4.38	3.52	3.13	2.90	2.74	2.63	2.54	2.48	2.42	2.38	2.34	2.31	2.28	2.26	2.23	2.21	2.20	2.18	2.17	2.16
20	4.35	3.49	3.10	2.87	2.71	2.60	2.51	2.45	2.39	2.35	2.31	2.28	2.25	2.22	2.20	2.18	2.17	2.15	2.14	2.12

F 分布表 (2)

$P(F_m^n \geq z) = 0.01$ となる $z =$ となる z

$= \mathrm{qf}(0.01, n, m, \mathrm{lower.tail} = \mathrm{FALSE})$

m \ n	1	2	3	4	5	6	7	8	9	10	11	12	13	14	15	16	17	18	19	20
1	4052	5000	5403	5625	5764	5859	5928	5981	6022	6056	6083	6106	6126	6143	6157	6170	6181	6192	6201	6209
2	98.5	99.0	99.2	99.2	99.3	99.3	99.4	99.4	99.4	99.4	99.4	99.4	99.4	99.4	99.4	99.4	99.4	99.4	99.5	99.5
3	34.1	30.8	29.5	28.7	28.2	27.9	27.7	27.5	27.4	27.2	27.1	27.1	27.0	26.9	26.9	26.8	26.8	26.8	26.7	26.7
4	21.2	18.0	16.7	16.0	15.5	15.2	15.0	14.8	14.7	14.6	14.4	14.4	14.3	14.2	14.2	14.2	14.1	14.1	14.1	14.0
5	16.3	13.3	12.1	11.4	11.0	10.7	10.5	10.3	10.2	10.1	9.96	9.89	9.82	9.77	9.72	9.68	9.64	9.61	9.58	9.55
6	13.8	10.9	9.78	9.15	8.75	8.47	8.26	8.10	7.98	7.87	7.79	7.72	7.66	7.60	7.56	7.52	7.48	7.45	7.42	7.40
7	12.3	9.55	8.45	7.85	7.46	7.19	6.99	6.84	6.72	6.62	6.54	6.47	6.41	6.36	6.31	6.28	6.24	6.21	6.18	6.16
8	11.3	8.65	7.59	7.01	6.63	6.37	6.18	6.03	5.91	5.81	5.73	5.67	5.61	5.56	5.52	5.48	5.44	5.41	5.38	5.36
9	10.6	8.02	6.99	6.42	6.06	5.80	5.61	5.47	5.35	5.26	5.18	5.11	5.05	5.01	4.96	4.92	4.89	4.86	4.83	4.81
10	10.0	7.56	6.55	5.99	5.64	5.39	5.20	5.06	4.94	4.85	4.77	4.71	4.65	4.60	4.56	4.52	4.49	4.46	4.43	4.41
11	9.65	7.21	6.22	5.67	5.32	5.07	4.89	4.74	4.63	4.54	4.46	4.40	4.34	4.29	4.25	4.21	4.18	4.15	4.12	4.10
12	9.33	6.93	5.95	5.41	5.06	4.82	4.64	4.50	4.39	4.30	4.22	4.16	4.10	4.05	4.01	3.97	3.94	3.91	3.88	3.86
13	9.07	6.70	5.74	5.21	4.86	4.62	4.44	4.30	4.19	4.10	4.02	3.96	3.91	3.86	3.82	3.78	3.75	3.72	3.69	3.66
14	8.86	6.51	5.56	5.04	4.69	4.46	4.28	4.14	4.03	3.94	3.86	3.80	3.75	3.70	3.66	3.62	3.59	3.56	3.53	3.51
15	8.68	6.36	5.42	4.89	4.56	4.32	4.14	4.00	3.89	3.80	3.73	3.67	3.61	3.56	3.52	3.49	3.45	3.42	3.40	3.37
16	8.53	6.23	5.29	4.77	4.44	4.20	4.03	3.89	3.78	3.69	3.62	3.55	3.50	3.45	3.41	3.37	3.34	3.31	3.28	3.26
17	8.40	6.11	5.18	4.67	4.34	4.10	3.93	3.79	3.68	3.59	3.52	3.46	3.40	3.35	3.31	3.27	3.24	3.21	3.19	3.16
18	8.29	6.01	5.09	4.58	4.25	4.01	3.84	3.71	3.60	3.51	3.43	3.37	3.32	3.27	3.23	3.19	3.16	3.13	3.10	3.08
19	8.18	5.93	5.01	4.50	4.17	3.94	3.77	3.63	3.52	3.43	3.36	3.30	3.24	3.19	3.15	3.12	3.08	3.05	3.03	3.00
20	8.10	5.85	4.94	4.43	4.10	3.87	3.70	3.56	3.46	3.37	3.29	3.23	3.18	3.13	3.09	3.05	3.02	2.99	2.96	2.94

付録 B
問題解答例

B.1 第 1 章の解答例

1.2 (1) 開院日は月, 火, 水, 木, 金, 土の 6 日ありますので $n = 6$.
$\bar{x} = \dfrac{252 + 198 + 155 + 163 + 132 + 204}{6} \stackrel{電卓}{=} 184$. 各曜日の外来患者数を少ない順に左から並べると 132, 155, 163, 198, 204, 252 より $Me = \dfrac{163 + 198}{2} \stackrel{電卓}{=} 180.5$.

(2) $s^2 = \overline{x^2} - \bar{x}^2 = \dfrac{252^2 + 198^2 + 155^2 + 163^2 + 132^2 + 204^2}{6} - 184^2 \stackrel{電卓}{=} 1534.3$.
$s = \sqrt{s^2} = \sqrt{1534.3} \stackrel{電卓}{=} 39.2$.

R による答 (1)–(2)

```
> x <- c(252,198,155,163,132,204) #外来患者数をxに格納
> length(x) #(1)標本の大きさ
[1] 6
> mean(x) #(1)標本平均
[1] 184
> median(x) #(1) メジアン
[1] 180.5
> mean(x^2)-mean(x)^2 #(2)標本分散=二乗の平均-平均の二乗
[1] 1534.333
> sqrt(mean(x^2)-mean(x)^2) #(2)標本標準偏差=標本分散のルート
[1] 39.17057
```

また, 外来患者数を少ない順に並べるには sort を利用できます.

```
> sort(x) #(1)少ない順に左から並べる
[1] 132 155 163 198 204 252
```

1.4 (1) 例えば，以下のようになります．

階級の範囲 $a_j \sim b_j$	階級値 x_j	度数 f_j	累積度数 F_j	比率 p_j	累積比率 P_j
142.5 ~ 147.5	145	2 下	2	0.04	0.04
147.5 ~ 152.5	150	3 下	5	0.06	0.10
152.5 ~ 157.5	155	15 正正正	20	0.30	0.40
157.5 ~ 162.5	160	8 正下	28	0.16	0.56
162.5 ~ 167.5	165	13 正正下	41	0.26	0.82
167.5 ~ 172.5	170	5 正	46	0.10	0.92
172.5 ~ 177.5	175	2 下	48	0.04	0.96
177.5 ~ 182.5	180	1 一	49	0.02	0.98
182.5 ~ 187.5	185	1 一	50	0.02	1.00
合計		50		1.00	

(2) (1) より

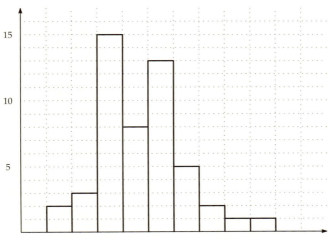

[Rによる答] (1)–(2) まず 50 人の身長を x に格納します．

```
> x <- c(159,163,163,165,163,175,165,170,175,165,
+         167,171,171,155,155,185,155,151,159,157,
+         157,154,165,157,154,157,151,154,155,155,
+         158,163,170,154,160,163,156,163,145,147,
+         159,158,159,158,148,163,167,182,168,153)
```

答のような度数分布表は R には標準装備されていませんが，ヒストグラムを作成する命令は標準装備されています．そこで先に hist でヒストグラムを作成します (hist(標本,breaks=seq(最初の階級の下限, 最後の階級の上限, 階級の幅)))，単に hist(標本) ならスタージェスの公式によるヒストグラムが作成されます).

```
> hx <- hist(x,breaks=seq(142.5,187.5,5))
```

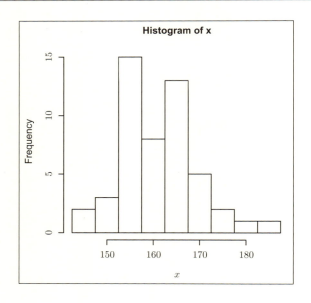

そしてヒストグラム hx のデータを利用して度数分布表を作成します．

```
> mx <- length(hx$counts) # 階級の数
> bx <- hx$breaks #各階級の限界
> cnx <- NULL # 階級の名前格納用
> for(i in 1:mx) {cnx[i] <- paste(bx[i], "～", bx[i+1])}
> frequency_table <- data.frame(
+  階級の範囲=cnx, 階級値=hx$mids,
+  度数=hx$counts, 累積度数=cumsum(hx$counts),
+  比率=(hx$counts)/(50), 累積比率=cumsum((hx$counts)/(50)))
> frequency_table
     階級の範囲   階級値  度数  累積度数  比率  累積比率
1  142.5 ～ 147.5    145     2        2  0.04    0.04
2  147.5 ～ 152.5    150     3        5  0.06    0.10
3  152.5 ～ 157.5    155    15       20  0.30    0.40
4  157.5 ～ 162.5    160     8       28  0.16    0.56
5  162.5 ～ 167.5    165    13       41  0.26    0.82
6  167.5 ～ 172.5    170     5       46  0.10    0.92
7  172.5 ～ 177.5    175     2       48  0.04    0.96
8  177.5 ～ 182.5    180     1       49  0.02    0.98
9  182.5 ～ 187.5    185     1       50  0.02    1.00
```

1.6 (1) 標本平均 $\bar{x}$，標本分散 s^2，標本標準偏差 s は次の通り．

$$\bar{x} = \frac{145 \times 2 + \cdots + 185 \times 1}{50} = 161.1,$$

$$s^2 = \frac{145^2 \times 2 + \cdots + 185^2 \times 1}{50} - 161.1^2 = 67.29, \quad s = 8.203.$$

(2) 累積度数多角形は次の通り．

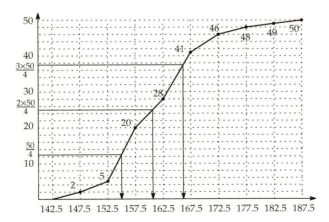

四分位数と四分位範囲は以下の通り．

$$Q_{\frac{1}{4}} = 152.5 + \frac{5}{15}\left(\frac{50}{4} - 5\right) = 155,$$

$$Q_{\frac{2}{4}} = 157.5 + \frac{5}{8}\left(\frac{2 \times 50}{4} - 20\right) = 160.625,$$

$$Q_{\frac{3}{4}} = 162.5 + \frac{5}{13}\left(\frac{3 \times 50}{4} - 28\right) = 166.1538,$$

$$\text{IQR} = Q_{\frac{3}{4}} - Q_{\frac{1}{4}} = 11.1538.$$

1.8 散布図は次の通り．

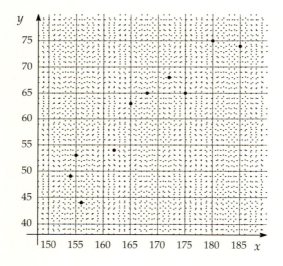

標本相関係数 r_{xy} は次の通り．

$$\bar{x} = \frac{1}{10}(175 + \cdots + 168) = 167.2, \quad \overline{x^2} = \frac{1}{10}(175^2 + \cdots + 168^2) = 28060.4,$$

$$s_x^2 = \overline{x^2} - \bar{x}^2 = 104.56, \quad s_x = \sqrt{s_x^2} = 10.22546,$$

$$\bar{y} = \frac{1}{10}(65 + \cdots + 65) = 61, \quad \overline{y^2} = \frac{1}{10}(65^2 + \cdots + 65^2) = 3820.6,$$

$$s_y^2 = \overline{y^2} - \bar{y}^2 = 99.6, \quad s_y = \sqrt{s_y^2} = 9.97998,$$

$$\overline{x \cdot y} = \frac{1}{10}(175 \times 65 + 154 \times 49 + \cdots + 168 \times 65) = 10294.9,$$

$$s_{xy} = \overline{x \cdot y} - \bar{x} \cdot \bar{y} = 95.7, \quad r_{xy} = \frac{s_{xy}}{s_x s_y} = 0.937777.$$

度数分布表は例えば次の通り．

x \ y		43.5〜54.5 49	54.5〜65.5 60	65.5〜76.5 71	合計
153.5〜164.5	159	4	0	0	4
164.5〜175.5	170	0	3	1	4
175.5〜186.5	181	0	0	2	2
合計		4	3	3	10

[Rによる答] 10 人の身長を x に，体重を y に格納します．

```
> x <- c(175,154,162,156,185,172,180,165,155,168)
> y <- c(65,49,54,44,74,68,75,63,53,65)
```

散布図は plot で描けます．

```
> plot(x,y)
```

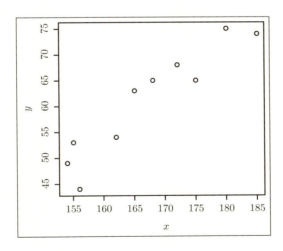

標本相関係数は cor でわかります．

```
> cor(x,y)
[1] 0.9377768
```

答のような 2 変量の度数分布表も 1 変量のときと同様にして作成できます．

```
> nx <- length(x) #xの標本の大きさ
> ny <- length(y) #yの標本の大きさ
> hx <- hist(x,breaks=seq(153.5,186.5,11))
> hy <- hist(y,breaks=seq(43.5,76.5,11))
> bx <- hx$breaks #xの階級の限界
> by <- hy$breaks #yの階級の限界
> mx <- length(hx$counts) #xの階級の数
> my <- length(hy$counts) #yの階級の数
> cnx <- NULL #xの階級の名前格納用
> for(i in 1:mx) {
+    cnx[i] <- paste(bx[i], "～", bx[i+1])
+            }
> cny <- NULL #yの階級の名前格納用
> for(i in 1:my) {
+    cny[i] <- paste(by[i], "～", by[i+1])
+            }
> a <- NULL
> for (i in 1:nx) {
+   for (j in 1:mx) {
+   if ((x[i]>=bx[j])&&(x[i]<bx[j+1])) {a[i] <- cnx[j]}
+   else                               {j<-j+1}
+                   }
+                  }
> b <- NULL
> for (i in 1:ny) {
+   for (j in 1:my) {
+   if ((y[i]>=by[j])&&(y[i]<by[j+1])) {b[i] <- cny[j]}
+   else                               {j<-j+1}
+                   }
+                  }
> addmargins(table(x=a, y=b))
               y
x               43.5 ～ 54.5  54.5 ～ 65.5  65.5 ～ 76.5  Sum
  153.5 ～ 164.5             4             0             0    4
  164.5 ～ 175.5             0             3             1    4
  175.5 ～ 186.5             0             0             2    2
  Sum                        4             3             3   10
```

1.10

$$\bar{x} = \frac{1}{10}(159 \times 4 + 170 \times 4 + 181 \times 2) = 167.8,$$

$$\overline{x^2} = \frac{1}{10}(159^2 \times 4 + 170^2 \times 4 + 181^2 \times 2) = 28224.6,$$

$$s_x^2 = \overline{x^2} - \bar{x}^2 = 67.76, \quad s_x = \sqrt{s_x^2} = 8.231646,$$

$$\bar{y} = \frac{1}{10}(49 \times 4 + 60 \times 3 + 71 \times 3) = 58.9,$$

$$\overline{y^2} = \frac{1}{10}(49^2 \times 4 + 60^2 \times 3 + 71^2 \times 3) = 3552.7,$$

$$s_y^2 = \overline{y^2} - \bar{y}^2 = 83.49, \quad s_y = \sqrt{s_y^2} = 9.137286,$$

$$\overline{x \cdot y} = \frac{1}{10}(159 \times 49 \times 4 + 170 \times 60 \times 3$$
$$+ 170 \times 71 \times 1 + 181 \times 71 \times 2) = 9953.6,$$

$$s_{xy} = \overline{x \cdot y} - \bar{x} \cdot \bar{y} = 70.18, \quad r_{xy} = \frac{s_{xy}}{s_x s_y} = 0.93306.$$

B.2 第 2 章の解答例

2.2 例えば，H =「表が出る」, T =「裏が出る」, $(\omega_1, \omega_2) =$「1 回目に ω_1, 2 回目に ω_2」とすると $\Omega = \{(H, H), (H, T), (T, H), (T, T)\}$ で，事象は以下の通り．

$$\emptyset, \{(H, H)\}, \{(H, T)\}, \{(T, H)\}, \{(T, T)\},$$
$$\{(H, H), (H, T)\}, \{(H, H), (T, H)\}, \{(H, H), (T, T)\},$$
$$\{(H, T), (T, H)\}, \{(H, T), (T, T)\}, \{(T, H), (T, T)\},$$
$$\{(H, H), (H, T), (T, H)\}, \{(H, H), (H, T), (T, T)\},$$
$$\{(H, H), (T, H), (T, T)\}, \{(H, T), (T, H), (T, T)\}, \Omega.$$

2.4 $A = \{1, 3, 5\}, B = \{1, 2, 3\}$ より

$$A \cap B = \{1, 3\} \ (= \{3 \text{ 以下の奇数}\}),$$
$$A \cup B = \{1, 2, 3, 5\} \ (= \{\text{奇数または 3 以下}\}),$$
$$A^c = \{2, 4, 6\} \ (= \{\text{奇数ではない}\} = \{\text{偶数}\}),$$
$$B^c = \{4, 5, 6\} \ (= \{3 \text{ より大}\}),$$
$$(A \cap B)^c = \{2, 4, 5, 6\} \ (= A^c \cup B^c = \{\text{偶数または 3 より大}\}),$$
$$(A \cup B)^c = \{4, 6\} \ (= A^c \cap B^c = \{\text{偶数かつ 3 より大}\}).$$

2.6 いえない. 出目の組を $(\omega_1, \omega_2) =$ 「1 回目に ω_1, 2 回目に ω_2」とおき, 標本空間を書いて, ラプラスの定義より計算すると以下のようになるからです.

$$\Omega = \{(1,1), (1,2), (1,3), (1,4), (1,5), (1,6),$$
$$(2,1), (2,2), (2,3), (2,4), (2,5), (2,6),$$
$$(3,1), (3,2), (3,3), (3,4), (3,5), (3,6),$$
$$(4,1), (4,2), (4,3), (4,4), (4,5), (4,6),$$
$$(5,1), (5,2), (5,3), (5,4), (5,5), (5,6),$$
$$(6,1), (6,2), (6,3), (6,4), (6,5), (6,6)\},$$

$$P(\{\text{和が } 6\}) = P(\{(1,5), (2,4), (3,3), (4,2), (5,1)\}) = \frac{5}{36},$$

$$P(\{\text{和が } 7\}) = P(\{(1,6), (2,5), (3,4), (4,3), (5,2), (6,1)\}) = \frac{6}{36}.$$

2.10 余事象の確率より $P(\{✌, ✋\}) = 1 - P(\{✊\}) = 1 - \frac{6}{7} = \frac{1}{7}$.

2.11 ド・モルガンの法則, 余事象の確率, 包含排除の原理より

$$P(A^c \cap B^c) = P((A \cup B)^c) = 1 - P(A \cup B)$$
$$= 1 - P(A) - P(B) + P(A \cap B) = 1 - \frac{2}{5} - \frac{4}{5} + \frac{1}{5} = 0.$$

2.12 標本空間を書き, $B = \{1 \text{ 回目にパー}\}$, $A = \{2 \text{ 回目にパー}\}$, $(\omega_1, \omega_2) =$ 「1 回目に ω_1, 2 回目に ω_2」とおき, 条件付確率の定義, ラプラスの定義より

$$\Omega = \{(✊,✊), (✊,✌), (✊,✋),$$
$$(✌,✊), (✌,✌), (✌,✋),$$
$$(✋,✊), (✋,✌), (✋,✋)\},$$

$$P(A \mid B) = \frac{P(A \cap B)}{P(B)} = \frac{P(\{(✋,✋)\})}{P(\{(✋,✊), (✋,✌), (✋,✋)\})}$$
$$= \frac{1/9}{3/9} = \frac{1}{3}.$$

2.13 積事象の確率を条件付確率で表し (乗法公式), 余事象の確率より

$$P(A_1) = \frac{1}{4},$$

$$P(A_2) = P(A_1^c \cap A_2) = P(A_1^c)P(A_2 \mid A_1^c) = \left(1 - \frac{1}{4}\right) \times \frac{1}{3} = \frac{1}{4},$$

$$P(A_3) = P(A_1^c \cap A_2^c \cap A_3) = P(A_1^c \cap A_2^c)P(A_3 \mid A_1^c \cap A_2^c)$$

$$= [1 - P(A_1) - P(A_2)] \times \frac{1}{2} = \left(1 - \frac{1}{4} - \frac{1}{4}\right) \times \frac{1}{2} = \frac{1}{4},$$

$$P(A_4) = P(A_1^c \cap A_2^c \cap A_3^c \cap A_4) = P(A_1^c \cap A_2^c \cap A_3^c)P(A_4 \mid A_1^c \cap A_2^c \cap A_3^c)$$

$$= [1 - P(A_1) - P(A_2) - P(A_3)] \times 1 = \left(1 - \frac{1}{4} - \frac{1}{4} - \frac{1}{4}\right) \times 1 = \frac{1}{4}.$$

2.15 積事象の確率が確率の積になるかどうかを判定します.

(1) ラプラスの定義より

$$P(A_1 \cap B) = P\left(\left\{\,(\text{✋},\text{✋})\,\right\}\right) = \frac{1}{9},$$

$$P(A_1) = P\left(\left\{\,(\text{✋},\text{✋})\,\right\}\right) = \frac{1}{9},$$

$$P(B) = P\left(\left\{\,(\text{✋},\text{✊}),(\text{✋},\text{✌}),(\text{✋},\text{✋})\,\right\}\right) = \frac{3}{9} = \frac{1}{3},$$

$$P(A_1) \times P(B) = \frac{1}{9} \times \frac{1}{3} = \frac{1}{27}$$

となり, $P(A_1 \cap B) \neq P(A_1) \times P(B)$ なので A_1 と B は独立であるといえません.

(2) ラプラスの定義より

$$P(A_2 \cap B) = P\left(\left\{\,(\text{✋},\text{✋})\,\right\}\right) = \frac{1}{9},$$

$$P(A_2) = P\left(\left\{\,(\text{✊},\text{✊}),(\text{✌},\text{✌}),(\text{✋},\text{✋})\,\right\}\right) = \frac{3}{9} = \frac{1}{3},$$

$$P(B) = \frac{1}{3},$$

$$P(A_2) \times P(B) = \frac{1}{3} \times \frac{1}{3} = \frac{1}{9}$$

となり, $P(A_2 \cap B) = P(A_2) \times P(B)$ なので A_2 と B は独立であるといえます.

2.17 以下のように標本空間を区切り，ベイズの定理を用いて，

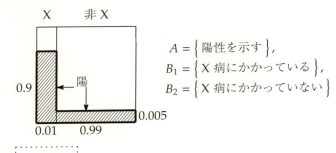

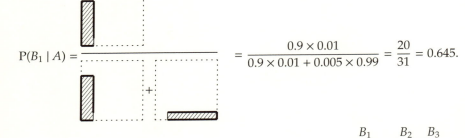

$$= \frac{0.9 \times 0.01}{0.9 \times 0.01 + 0.005 \times 0.99} = \frac{20}{31} = 0.645.$$

2.18 次のように標本空間を区切り，ベイズの定理を用いて，

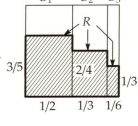

$$P(B_1 \mid R) = \frac{}{ + + }$$

$$= \frac{\dfrac{3}{5} \times \dfrac{1}{2}}{\dfrac{3}{5} \times \dfrac{1}{2} + \dfrac{1}{2} \times \dfrac{1}{3} + \dfrac{1}{3} \times \dfrac{1}{6}} = \frac{27}{47} = 0.574.$$

B.3　第 3 章の解答例

3.2 (1) $1 = \int_{-\infty}^{\infty} p(x)\,dx = \int_{1}^{2} c(x-1)(2-x)\,dx = c\dfrac{(2-1)^3}{6} = \dfrac{c}{6} \iff c = 6.$

(2) (1) より $p(x) = \begin{cases} 6(x-1)(2-x) & (1 \leqq x \leqq 2), \\ 0 & (その他) \end{cases}$ なので，$y = x - \dfrac{3}{2}$ と置換すると

$$P\left(\dfrac{1}{2} \leqq X \leqq \dfrac{3}{2}\right) = \int_{\frac{1}{2}}^{\frac{3}{2}} p(x)\,dx = \int_{1}^{\frac{3}{2}} 6(x-1)(2-x)\,dx$$

$$= 6\int_{-\frac{1}{2}}^{0} \left(\dfrac{1}{2} + y\right)\left(\dfrac{1}{2} - y\right)dy = 6\left[\dfrac{1}{4}y - \dfrac{1}{3}y^3\right]_{-\frac{1}{2}}^{0} = \dfrac{1}{2}.$$

別解：　　　　　　　　　　　　　　　　　より $P\left(\dfrac{1}{2} \leqq X \leqq \dfrac{3}{2}\right) = \dfrac{1}{2}.$

3.8 $E[X] = 1000 \times \dfrac{1}{100} + 0 \times \dfrac{99}{100} = 10,\ E[Y] = 50 \times \dfrac{30}{100} + 0 \times \dfrac{70}{100} = 15$ より

$$E[2X + 10] = 2E[X] + 10 = 2 \cdot 10 + 10 = 30,$$
$$E[2X + 3Y] = 2E[X] + 3E[Y] = 2 \cdot 10 + 3 \cdot 15 = 65,$$
$$X, Y : 独立 \implies E[XY] = E[X]E[Y] = 10 \cdot 15 = 150.$$

3.11 (1) 赤：R，青：B とおくと確率分布の表が以下のようになりますので

x	1	2	3	4	5
とり出し方	B	RB	RRB	RRRB	RRRRB
確率	$\dfrac{3}{7}$	$\dfrac{4}{7} \times \dfrac{3}{6}$	$\dfrac{4}{7} \times \dfrac{3}{6} \times \dfrac{3}{5}$	$\dfrac{4}{7} \times \dfrac{3}{6} \times \dfrac{2}{5} \times \dfrac{3}{4}$	$\dfrac{4}{7} \times \dfrac{3}{6} \times \dfrac{2}{5} \times \dfrac{1}{4} \times \dfrac{3}{3}$
$P(X = x)$	$\dfrac{3}{7}$	$\dfrac{2}{7}$	$\dfrac{6}{35}$	$\dfrac{3}{35}$	$\dfrac{1}{35}$

$$E[X] = 1 \times \dfrac{3}{7} + 2 \times \dfrac{2}{7} + 3 \times \dfrac{6}{35} + 4 \times \dfrac{3}{35} + 5 \times \dfrac{1}{35} = 2,$$

$$V[X] = E[X^2] - E[X]^2$$
$$= 1^2 \times \dfrac{3}{7} + 2^2 \times \dfrac{2}{7} + 3^2 \times \dfrac{6}{35} + 4^2 \times \dfrac{3}{35} + 5^2 \times \dfrac{1}{35} - 2^2 = 1.2.$$

(2) $E\left[\dfrac{2X - 3}{5}\right] = \dfrac{2E[X] - 3}{5} = \dfrac{1}{5} = 0.2,\ V\left[\dfrac{2X - 3}{5}\right] = \dfrac{2^2 V[X]}{5^2} = \dfrac{4.8}{25} = 0.192.$

B.4 第4章の解答例

4.2 $X \sim \text{Bi}(10, 0.5)$ より $P(X \geq 6) = 1 - P(X \leq 5) \overset{\text{二項分布表}}{=} 1 - 0.6230 = 0.377$.

R による答　二項分布の上側確率 $P(\text{Bi}(n,p) > x) = P(\text{Bi}(n,p) \geq x+1)$ の値を返す命令 `pbinom(x,n,p,lower.tail=FALSE)` を利用して求められます.

```
> pbinom(5,10,0.5,lower.tail=FALSE)
[1] 0.3769531
```

4.3 (1) 期待値の定義，分散の計算法より

$$E[X] = 0 \cdot (1-p) + 1 \cdot p = p,$$
$$E[X^2] = 0^2 \cdot (1-p) + 1^2 \cdot p = p,$$
$$V[X] = E[X^2] - E[X]^2 = p - p^2 = p(1-p).$$

(2) 期待値の定義，分散の計算法より

$$E[X] = 0 \cdot (1-p)^2 + 1 \cdot 2p(1-p) + 2 \cdot p^2 = 2p,$$
$$E[X^2] = 0^2 \cdot (1-p)^2 + 1^2 \cdot 2p(1-p) + 2^2 \cdot p^2 = 2p + 2p^2,$$
$$V[X] = E[X^2] - E[X]^2 = 2p + 2p^2 - 4p^2 = 2p(1-p).$$

(3) 期待値の定義，分散の計算法より

$$E[X] = 0 \cdot (1-p)^3 + 1 \cdot 3p(1-p)^2 + 2 \cdot 3p^2(1-p) + 3 \cdot p^3 = 3p,$$
$$E[X^2] = 0^2 \cdot (1-p)^3 + 1^2 \cdot 3p(1-p)^2 + 2^2 \cdot 3p^2(1-p) + 3^2 \cdot p^3 = 3p + 6p^2,$$
$$V[X] = E[X^2] - E[X]^2 = 3p + 6p^2 - 9p^2 = 3p(1-p).$$

4.5 $X \sim \text{Po}(2)$ より，求める確率は $P(X=4) = \dfrac{2^4 e^{-2}}{4!} = 0.09022$.

R による答　ポアソン分布の確率 $P(\text{Po}(\lambda) = x)$ の値を返す命令 `dpois(x,λ)` を利用して求められます.

```
> dpois(4,2)
[1] 0.09022352
```

4.7 $n = 250 \geq 50$, $np = 250 \times 0.008 = 2 \leq 5$ なので二項分布のポアソン分布による近似をし，余事象の確率より

$$P(\text{Bi}(250, 0.008) \geq 3) \fallingdotseq P(\text{Po}(2) \geq 3) = 1 - P(\text{Po}(2) \leq 2)$$
$$= 1 - P(\text{Po}(2) = 0) - P(\text{Po}(2) = 1) - P(\text{Po}(2) = 2)$$
$$= 1 - \frac{2^0 e^{-2}}{0!} - \frac{2^1 e^{-2}}{1!} - \frac{2^2 e^{-2}}{2!} = 1 - 5e^{-2} = 0.32.$$

R による答 ポアソン分布の上側確率 $P(\text{Po}(\lambda) > x) = P(\text{Po}(\lambda) \geq x+1)$ の値を返す命令 `ppois(x,λ,lower.tail=FALSE)` を利用して求められます．

```
> ppois(2,2,lower.tail=FALSE) #ポアソン近似
[1] 0.3233236
> pbinom(2,250,0.008,lower.tail=FALSE) #二項分布のまま
[1] 0.3233221
```

4.8 (1) $y = x - 1$ と置換し，Hint を用いて

$$P(Y \geq 60) = P(X \geq 61) = \sum_{x=61}^{\infty} \left(1 - \frac{1}{80}\right)^{x-1} \frac{1}{80} = \sum_{y=60}^{\infty} \left(\frac{79}{80}\right)^y \frac{1}{80}$$
$$= \frac{\left(\frac{79}{80}\right)^{60}}{1 - \frac{79}{80}} \cdot \frac{1}{80} = \left(\frac{79}{80}\right)^{60} = 0.47.$$

(2) (1) と同様の計算をして

$$P(Y \geq 90 \mid Y \geq 60) = \frac{P(Y \geq 90 \text{ かつ } Y \geq 60)}{P(Y \geq 60)} = \frac{P(Y \geq 90)}{P(Y \geq 60)}$$
$$= \left(\frac{79}{80}\right)^{90} \bigg/ \left(\frac{79}{80}\right)^{60} = \left(\frac{79}{80}\right)^{30} = 0.69.$$

R による答 R では問題の Y の分布を幾何分布と定めています．幾何分布の上側確率 $P(\text{Ge}(p) > x) = P(\text{Ge}(p) \geq x+1)$ の値を返す命令 `pgeom(x,p,lower.tail=FALSE)` を利用して求められます．

```
> pgeom(59,1/80,lower.tail=FALSE)  #(1)
[1] 0.470139
> pgeom(89,1/80,lower.tail=FALSE)/
+ pgeom(59,1/80,lower.tail=FALSE)  #(2)
[1] 0.6856668
```

4.10 期待値の定義, 分散の計算法より

$$E[X] = 1 \times \frac{1}{6} + 2 \times \frac{1}{6} + 3 \times \frac{1}{6} + 4 \times \frac{1}{6} + 5 \times \frac{1}{6} + 6 \times \frac{1}{6} = \frac{7}{2} = 3.5,$$

$$E[X^2] = 1^2 \times \frac{1}{6} + 2^2 \times \frac{1}{6} + 3^2 \times \frac{1}{6} + 4^2 \times \frac{1}{6} + 5^2 \times \frac{1}{6} + 6^2 \times \frac{1}{6} = \frac{91}{6},$$

$$V[X] = E[X^2] - E[X]^2 = \frac{91}{6} - \frac{49}{4} = \frac{35}{12} = 2.9\ldots.$$

4.13 補題 4.11 を $E[X]$ は $k = 1$, $E[X(X-1)]$ は $k = 2$, $E[X(X-1)(X-2)]$ は $k = 3$ として用いると

$$E[X^3] = E[X(X-1)(X-2)] + 3E[X(X-1)] + E[X]$$
$$= \frac{1}{N} \frac{(N+1)N(N-1)(N-2)}{4}$$
$$+ 3\frac{1}{N} \frac{(N+1)N(N-1)}{3} + \frac{1}{N} \frac{(N+1)N}{2}$$
$$= \frac{N(N+1)^2}{4}.$$

4.14 期待値の定義より

$$E[X^4] = 1^4 \times \frac{1}{6} + 2^4 \times \frac{1}{6} + 3^4 \times \frac{1}{6} + 4^4 \times \frac{1}{6} + 5^4 \times \frac{1}{6} + 6^4 \times \frac{1}{6} = \frac{2275}{6}.$$

別解: 補題 4.11 より

$$E[X^4] = E[X(X-1)(X-2)(X-3)] + 6E[X(X-1)(X-2)] + 7E[X(X-1)] + E[X]$$
$$= \frac{1}{6} \cdot \frac{7 \cdot 6 \cdot 5 \cdot 4 \cdot 3}{5} + 6 \cdot \frac{1}{6} \cdot \frac{7 \cdot 6 \cdot 5 \cdot 4}{4} + 7 \cdot \frac{1}{6} \cdot \frac{7 \cdot 6 \cdot 5}{3} + \frac{1}{6} \cdot \frac{7 \cdot 6}{2} = \frac{2275}{6}.$$

4.15 余事象の確率, 独立確率変数の確率 (「積事象の確率が確率の積」), $1, \ldots, 365$ から順番を区別して異なる 80 個をとり出す場合の数が $_{365}C_{80} 80!$ 通りあることから

$$P(少なくとも二人の誕生日が一致する) = 1 - P(全員の誕生日が一致しない)$$
$$= 1 - \sum_{\substack{x_1, \ldots, x_{80}=1,\ldots,365, \\ すべて異なる}} P(X_1 = x_1 かつ \cdots かつ X_{80} = x_{80}) = 1 - \frac{_{365}C_{80} 80!}{365^{80}} = 0.999.$$

R による答 $_nC_x$ は `choose(n,x)`, $x!$ は `factorial(x)` で計算します.

```
> 1-choose(365,80)*factorial(80)/((365)^(80))
[1] 0.9999143
```

B.5　第5章の解答例

5.1 $X \sim \mathrm{U}(0, 30)$，つまり $p(x) = \dfrac{1}{30}$ $(0 \leqq x \leqq 30)$，0 (その他) より $\mathrm{P}(10 \leqq X \leqq 13) = (13 - 10)/30 = 1/10 = 0.1$。

$\boxed{\text{R による答}}$ 一様分布の下側確率 $\mathrm{P}(\mathrm{U}(\alpha, \beta) \leqq x) = \mathrm{P}(\mathrm{U}(\alpha, \beta) < x)$ の値を返す命令 $\mathtt{punif}(x, \alpha, \beta)$ を利用して求められます。

```
> punif(13,0,30)-punif(10,0,30)
[1] 0.1
```

5.3 (1) $X \sim \mathrm{Ex}\left(\dfrac{1}{30}\right)$，つまり $p(x) = \dfrac{1}{30}e^{-\frac{1}{30}x}$ $(0 \leqq x < \infty)$，0 (その他) より

$$\mathrm{P}(X \geqq 60) = \int_{60}^{\infty} p(x)\,dx = \int_{60}^{\infty} \frac{1}{30}e^{-\frac{1}{30}x}dx = \left[-e^{-\frac{1}{30}x}\right]_{60}^{\infty} = e^{-\frac{1}{30}\cdot 60} = e^{-2} = 0.135.$$

(2) (1) と同様の計算をして

$$\mathrm{P}(X \geqq 90 \mid X \geqq 60) = \frac{\mathrm{P}(X \geqq 90 \text{ かつ } X \geqq 60)}{\mathrm{P}(X \geqq 60)} = \frac{\mathrm{P}(X \geqq 90)}{\mathrm{P}(X \geqq 60)}$$

$$= e^{-\frac{1}{30}\cdot 90}/e^{-\frac{1}{30}\cdot 60} = e^{-\frac{1}{30}\cdot 30} = e^{-1} = 0.368.$$

$\boxed{\text{R による答}}$ 指数分布の上側確率 $\mathrm{P}(\mathrm{Ex}(\lambda) > x) = \mathrm{P}(\mathrm{Ex}(\lambda) \geqq x)$ の値を返す命令 $\mathtt{pexp}(x, \lambda, \mathtt{lower.tail=FALSE})$ を利用して求められます。

```
> pexp(60,1/(30),lower.tail=FALSE)  #(1)
[1] 0.1353353
> pexp(90,1/(30),lower.tail=FALSE)/
+ pexp(60,1/(30),lower.tail=FALSE)  #(2)
[1] 0.3678794
```

答を $e^{指数}$ の形で知りたいときは指数部分を返す命令 $\mathtt{log.p=TRUE}$ を付け加えます。また、商の指数は指数の差で計算します。

```
> pexp(60,1/(30),lower.tail=FALSE,log.p=TRUE)  #(1)
[1] -2
> pexp(90,1/(30),lower.tail=FALSE,log.p=TRUE)-
+ pexp(60,1/(30),lower.tail=FALSE,log.p=TRUE)  #(2)
[1] -1
```

5.7 (1) 正規分布の事象を，標準化して標準正規分布の事象にいいかえ，その状況を図示して，数表を読みます．

$$P(3 \leq X \leq 3.5) = P\left(\underbrace{\frac{3-3}{2}}_{(=0)} \leq \underbrace{\frac{X-3}{2}}_{(\sim N(0,1))} \leq \underbrace{\frac{3.5-3}{2}}_{(=0.25)}\right)$$

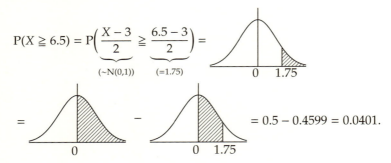

$= 0.0987.$

(2) (1) と同様にして図示して，面積の性質を用いて数表を読める図に変形し，数表を読んで，計算します．

$$P(X \geq 6.5) = P\left(\underbrace{\frac{X-3}{2}}_{(\sim N(0,1))} \geq \underbrace{\frac{6.5-3}{2}}_{(=1.75)}\right) =$$

$= 0.5 - 0.4599 = 0.0401.$

(3) (1) と同様にして図示して，面積の性質と標準正規分布の左右対称性を用いて数表を読める図に変形し，数表を読んで，計算します．

$$P(1.5 \leq X \leq 5.5) = P\left(\underbrace{\frac{1.5-3}{2}}_{(=-0.75)} \leq \underbrace{\frac{X-3}{2}}_{(\sim N(0,1))} \leq \underbrace{\frac{5.5-3}{2}}_{(=1.25)}\right)$$

$= 0.2734 + 0.3944 = 0.6678.$

[Rによる答] (1) 正規分布の下側確率 $P(N(\mu,\sigma^2) \leqq x) = P(N(\mu,\sigma^2) < x)$ の値を返す命令 pnorm(x,μ,σ) を利用して求められます.

```
> pnorm(3.5,3,2)-pnorm(3,3,2)
[1] 0.09870633
```

(2) 正規分布の上側確率 $P(N(\mu,\sigma^2) > x) = P(N(\mu,\sigma^2) \geqq x)$ の値を返す命令 pnorm(x,μ,σ,lower.tail=FALSE) を利用して求められます.

```
> pnorm(6.5,3,2,lower.tail=FALSE)
[1] 0.04005916
```

(3) (1) と同様に下側確率を利用して求められます.

```
> pnorm(5.5,3,2)-pnorm(1.5,3,2)
[1] 0.6677229
```

5.8 (1) 標準正規分布の状況を図示して，数表を読みます.

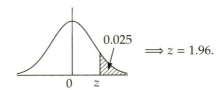

(2) 標準正規分布の状況を図示して，面積の性質を用いて右裾の面積を計算し，数表を読みます.

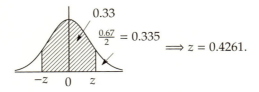

(3) 正規分布の事象を，標準化して標準正規分布の事象にいいかえ，(その状況を図示して，数表を読み，) 計算します.

$$P(X \geqq z) = 0.025 \Longleftrightarrow P\Big(\underbrace{\frac{X-3}{2}}_{(\sim N(0,1))} \geqq \frac{z-3}{2}\Big) = 0.025 \stackrel{(1)}{\Longrightarrow} \frac{z-3}{2} = 1.96 \Longleftrightarrow z = 6.92.$$

(4) (3) と同様にして図示して，面積の性質を用いて右裾の面積を計算し，数表を読んで，計算します．

$$P(165 \leqq X \leqq z) = 0.345 \iff P\left(\frac{165-165}{0.1} \leqq \underbrace{\frac{X-165}{0.1}}_{(\sim N(0,1))} \leqq \frac{z-165}{0.1}\right) = 0.345$$

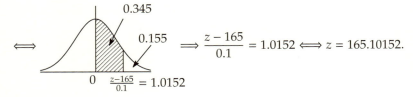

$$\iff \frac{z-165}{0.1} = 1.0152 \iff z = 165.10152.$$

R による答 (1) 正規分布の上側確率点「$P(N(\mu,\sigma^2) > x) = P(N(\mu,\sigma^2) \geqq x) = p$ となる x」の値を返す命令 `qnorm(`p,μ,σ`,lower.tail=FALSE)` を利用して求められます．

```
> qnorm(0.025,0,1,lower.tail=FALSE)
[1] 1.959964
```

(2) まず $P(0 \leqq X \leqq z) = \dfrac{0.33}{2}$ に $P(X < 0) = 0.5$ を加えた下側確率 $P(X \leqq z)$ の値を p に格納し，正規分布の下側確率点「$P(N(\mu,\sigma^2) \leqq x) = P(N(\mu,\sigma^2) < x) = p$ となる x」を返す命令 `qnorm(`p,μ,σ`)` を利用して求められます．

```
> p <- 0.33/2+0.5
> qnorm(p,0,1)
[1] 0.426148
```

(3) (1) と同様に上側確率点を利用して求められます．

```
> qnorm(0.025,3,2,lower.tail=FALSE)
[1] 6.919928
```

(4) まず $P(165 \leqq X \leqq z)(= 0.345)$ に $P(X < 165)$ を加えた下側確率 $P(X \leqq z)$ の値を p に格納し，(2) と同様にして求められます．

```
> p <- 0.345+pnorm(165,165,0.1)
> qnorm(p,165,0.1)
[1] 165.1015
```

5.9 (1) log をつけて正規分布にし，標準化して，状況を図示し，数表を読みます．

$$P(X \geqq e^7) = P(\underbrace{\log X}_{(\sim N(5,2^2))} \geqq 7) = P\left(\underbrace{\frac{\log X - 5}{2}}_{(\sim N(0,1))} \geqq \underbrace{\frac{7-5}{2}}_{(=1)}\right)$$

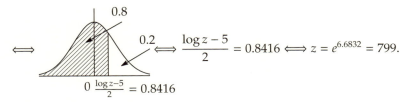

$= 0.5 - 0.3413 = 0.1587.$

(2) log をつけて正規分布にし，標準化して，状況を図示し，数表を読み，計算します．

$$0.8 = P(X < z) = P(\underbrace{\log X}_{(\sim N(5,2^2))} < \log z) = P\left(\underbrace{\frac{\log X - 5}{2}}_{(\sim N(0,1))} < \frac{\log z - 5}{2}\right)$$

$\iff \dfrac{\log z - 5}{2} = 0.8416 \iff z = e^{6.6832} = 799.$

⎡R による答⎤ (1) 対数正規分布の上側確率 $P(LN(\mu, \sigma^2) > x) = P(LN(\mu, \sigma^2) \geqq x)$ を返す命令 `plnorm(`x, μ, σ`, lower.tail=FALSE)` を利用して求められます．

```
> plnorm(exp(7),5,2,lower.tail=FALSE)
[1] 0.1586553
```

(2) 対数正規分布の下側確率点「$P(LN(\mu, \sigma^2) \leqq x) = P(LN(\mu, \sigma^2) < x) = p$ となる x」を返す命令 `qlnorm(`p, μ, σ`)` を利用して求められます．

```
> qlnorm(0.8,5,2)
[1] 798.9053
```

5.10 e の指数を平方完成し，正規分布の全事象の確率が 1 であることを利用します．

$$E[X] = E[e^{N(\mu,\sigma^2)}] = \int_{-\infty}^{\infty} e^x \frac{1}{\sqrt{2\pi\sigma^2}} e^{-\frac{(x-\mu)^2}{2\sigma^2}} dx$$

$$= \int_{-\infty}^{\infty} e^{\mu+\frac{\sigma^2}{2}} \frac{1}{\sqrt{2\pi\sigma^2}} e^{-\frac{[x-(\mu+\sigma^2)]^2}{2\sigma^2}} dx = e^{\mu+\frac{\sigma^2}{2}},$$

$$E[X^2] = E[e^{2N(\mu,\sigma^2)}] = \int_{-\infty}^{\infty} e^{2x} \frac{1}{\sqrt{2\pi\sigma^2}} e^{-\frac{(x-\mu)^2}{2\sigma^2}} dx$$

$$= \int_{-\infty}^{\infty} e^{2\mu+2\sigma^2} \frac{1}{\sqrt{2\pi\sigma^2}} e^{-\frac{[x-(\mu+2\sigma^2)]^2}{2\sigma^2}} dx = e^{2\mu+2\sigma^2},$$

$$V[X] = E[X^2] - E[X]^2 = e^{2\mu+2\sigma^2} - e^{2\mu+\sigma^2}.$$

5.11 (1) カイ二乗分布の状況を図示し，数表を読みます．

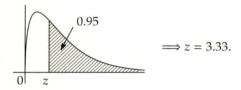

$\implies z = 3.33$.

(2) カイ二乗分布の状況を図示し，右裾の面積を計算し，数表を読みます．

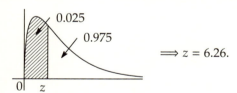

$\implies z = 6.26$.

R による答 (1) カイ二乗分布の上側確率点「$P(\chi_n^2 > x) = P(\chi_n^2 \geq x) = p$ となる x」を返す命令 `qchisq(`p,n`,lower.tail=FALSE)` を利用して求められます．

```
> qchisq(0.95,9,lower.tail=FALSE)
[1] 3.325113
```

(2) カイ二乗分布の下側確率点「$P((0 \leq)\chi_n^2 \leq x) = P(\chi_n^2 < x) = p$ となる x」を返す命令 `qchisq(`p,n`)` を利用して求められます．

```
> qchisq(0.025,15,lower.tail=TRUE)
[1] 6.262138
```

5.12 $\int_0^\infty x^{\frac{n}{2}-1}e^{-\frac{x}{2}}dx = \dfrac{\Gamma\left(\frac{n}{2}\right)}{\left(\frac{1}{2}\right)^{\frac{n}{2}}}, \Gamma(\alpha+1) = \alpha\Gamma(\alpha)$ より

$$E[X] = \frac{\left(\frac{1}{2}\right)^{\frac{n}{2}}}{\Gamma\left(\frac{n}{2}\right)} \int_0^\infty x \cdot x^{\frac{n}{2}-1} e^{-\frac{x}{2}} dx = \frac{\left(\frac{1}{2}\right)^{\frac{n}{2}}}{\Gamma\left(\frac{n}{2}\right)} \int_0^\infty x^{\frac{n+2}{2}-1} e^{-\frac{x}{2}} dx$$

$$= \frac{\left(\frac{1}{2}\right)^{\frac{n}{2}}}{\Gamma\left(\frac{n}{2}\right)} \frac{\Gamma\left(\frac{n+2}{2}\right)}{\left(\frac{1}{2}\right)^{\frac{n+2}{2}}} = \frac{\left(\frac{1}{2}\right)^{\frac{n}{2}}}{\Gamma\left(\frac{n}{2}\right)} \frac{\frac{n}{2}\Gamma\left(\frac{n}{2}\right)}{\frac{1}{2}\left(\frac{1}{2}\right)^{\frac{n}{2}}} = n,$$

$$E[X^2] = \frac{\left(\frac{1}{2}\right)^{\frac{n}{2}}}{\Gamma\left(\frac{n}{2}\right)} \int_0^\infty x^2 \cdot x^{\frac{n}{2}-1} e^{-\frac{x}{2}} dx = \frac{\left(\frac{1}{2}\right)^{\frac{n}{2}}}{\Gamma\left(\frac{n}{2}\right)} \int_0^\infty x^{\frac{n+4}{2}-1} e^{-\frac{x}{2}} dx$$

$$= \frac{\left(\frac{1}{2}\right)^{\frac{n}{2}}}{\Gamma\left(\frac{n}{2}\right)} \frac{\Gamma\left(\frac{n+4}{2}\right)}{\left(\frac{1}{2}\right)^{\frac{n+4}{2}}} = \frac{\left(\frac{1}{2}\right)^{\frac{n}{2}}}{\Gamma\left(\frac{n}{2}\right)} \frac{\frac{n+2}{2}\frac{n}{2}\Gamma\left(\frac{n}{2}\right)}{\frac{1}{4}\left(\frac{1}{2}\right)^{\frac{n}{2}}} = n(n+2),$$

$$V[X] = E[X^2] - E[X]^2 = n(n+2) - n^2 = 2n.$$

5.13 (1) t 分布の状況を図示し，数表を読みます．

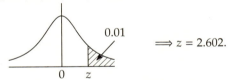 $\implies z = 2.602$.

(2) t 分布の状況を図示し，右裾の面積を計算し，数表を読みます．

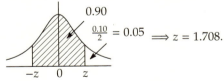 $\implies z = 1.708$.

(3) t 分布の状況を図示し，左裾の面積を計算し，裏返して，数表を読みます．

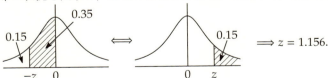 $\implies z = 1.156$.

[Rによる答] (1) t分布の上側確率点「$P(X > x) = P(X \geq x) = p$ となる x」を返す命令 qt(p,n,lower.tail=FALSE) を利用して求められます.

```
> qt(0.01,15,lower.tail=FALSE)
[1] 2.60248
```

(2)–(3) 答と同じ変形をし (1) と同じ命令を利用して求められます.

```
> qt(0.10/2,25,lower.tail=FALSE)  #(2)
[1] 1.708141
> qt(0.15,5,lower.tail=FALSE)  #(3)
[1] 1.155767
```

5.14 奇関数, 偶関数の積分の性質, $B(\alpha, \beta+1) = \dfrac{\beta}{\alpha} B(\alpha+1, \beta)$ より

$$
\begin{aligned}
E[X] &= \frac{1}{\sqrt{n} B\left(\frac{n}{2}, \frac{1}{2}\right)} \int_{-\infty}^{\infty} x \frac{1}{\left(1+\frac{x^2}{n}\right)^{\frac{n+1}{2}}} dx = 0, \\
V[X] &= \frac{1}{\sqrt{n} B\left(\frac{n}{2}, \frac{1}{2}\right)} \int_{-\infty}^{\infty} x^2 \frac{1}{\left(1+\frac{x^2}{n}\right)^{\frac{n+1}{2}}} dx \\
&= 2 \frac{1}{\sqrt{n} B\left(\frac{n}{2}, \frac{1}{2}\right)} \int_{0}^{\infty} x^2 \frac{1}{\left(1+\frac{x^2}{n}\right)^{\frac{n+1}{2}}} dx \\
&\stackrel{\left[\frac{x}{\sqrt{n}}=y\right]}{=} \frac{2n}{B\left(\frac{n}{2}, \frac{1}{2}\right)} \int_{0}^{\infty} y^2 \left(\frac{1}{1+y^2}\right)^{\frac{n+1}{2}} dy
\end{aligned}
$$

$$
\begin{bmatrix}
\bullet\ 1+y^2 = \dfrac{1}{z} \Leftrightarrow \dfrac{1}{1+y^2} = z,\ y = \sqrt{\dfrac{1-z}{z}} \\
\bullet\ 2y\,dy = -\dfrac{dz}{z^2} \iff y\,dy = -\dfrac{dz}{2z^2} \\
\bullet\ y: 0 \to \infty \iff z: 1 \to 0
\end{bmatrix}
$$

$$
\begin{aligned}
&= \frac{n}{B\left(\frac{n}{2}, \frac{1}{2}\right)} \int_{0}^{1} z^{\frac{n-2}{2}-1} (1-z)^{\frac{3}{2}-1} dz \\
&= \frac{n B\left(\frac{n-2}{2}, \frac{3}{2}\right)}{B\left(\frac{n}{2}, \frac{1}{2}\right)} = \frac{n \frac{1}{\frac{n-2}{2}} B\left(\frac{n}{2}, \frac{1}{2}\right)}{B\left(\frac{n}{2}, \frac{1}{2}\right)} = \frac{n}{n-2}.
\end{aligned}
$$

5.15 (1) F 分布の状況を図示し，右裾の面積が 0.01 から，数表 (2) を読みます．

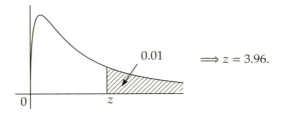

$\Longrightarrow z = 3.96$.

(2) 右裾の面積に関する等式になるよう事象を変形し，F 分布の状況を図示し，右裾の面積が 0.01 から，数表 (2) を読みます．

$$P(\underbrace{F_{12}^{13}}_{\left(\sim \frac{1}{F_{13}^{12}}\right)} \leqq z) = 0.01 \iff P\left(F_{13}^{12} \geqq \frac{1}{z}\right) = 0.01$$

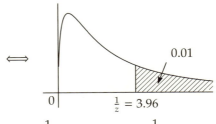

$$\Longrightarrow \frac{1}{z} = 3.96 \iff z = \frac{1}{3.96} = 0.252.$$

別解：$P\left(F_{12}^{13} \geqq z\right) = 0.99 \iff z = F_{12}^{13}(1 - 0.01) = \dfrac{1}{F_{13}^{12}(0.01)} = \dfrac{1}{3.96} = 0.252.$

R による答 (1) F 分布の上側確率点「$P(F_m^n > x) = P(F_m^n \geqq x) = p$ となる x」を返す命令 `qf(p,n,m,lower.tail=FALSE)` を利用して求められます．

```
> qf(0.01,12,13,lower.tail=FALSE)
[1] 3.960326
```

(2) F 分布の下側確率点「$P(F_m^n \leqq x) = P(F_m^n < x) = p$ となる x」を返す命令 `qf(p,n,m)` を利用して求められます．

```
> qf(0.01,13,12)
[1] 0.2525044
```

5.16 $B(\alpha, \beta) = B(\beta, \alpha)$, $B(\alpha, \beta+1) = \dfrac{\beta}{\alpha} B(\alpha+1, \beta)$ より

$$\mathrm{E}[X] = \frac{\left(\frac{n}{m}\right)^{\frac{n}{2}}}{B\left(\frac{n}{2}, \frac{m}{2}\right)} \int_0^\infty x \frac{x^{\frac{n}{2}-1}}{\left(1+\frac{nx}{m}\right)^{\frac{n+m}{2}}} dx = \frac{\left(\frac{n}{m}\right)^{\frac{n}{2}}}{B\left(\frac{n}{2}, \frac{m}{2}\right)} \int_0^\infty x^{\frac{n}{2}} \left(\frac{1}{1+\frac{n}{m}x}\right)^{\frac{n+m}{2}} dx$$

$$\left[\begin{array}{l} \bullet \dfrac{1}{1+\frac{n}{m}x} = y \iff x = \dfrac{m}{n}\dfrac{1-y}{y} \\ \bullet \, dx = -\dfrac{m}{n}\dfrac{dy}{y^2} \\ \bullet \, x: 0 \to \infty \iff y: 1 \to 0 \end{array}\right]$$

$$= \frac{\frac{m}{n}}{B\left(\frac{n}{2}, \frac{m}{2}\right)} \int_0^1 y^{\frac{m-2}{2}-1}(1-y)^{\frac{n+2}{2}-1} dy$$

$$= \frac{\frac{m}{n} B\left(\frac{m-2}{2}, \frac{n+2}{2}\right)}{B\left(\frac{n}{2}, \frac{m}{2}\right)} = \frac{\frac{m}{n} \frac{\frac{n}{2}}{\frac{m-2}{2}} B\left(\frac{m}{2}, \frac{n}{2}\right)}{B\left(\frac{m}{2}, \frac{n}{2}\right)} = \frac{m}{m-2},$$

$$\mathrm{E}[X^2] = \frac{\left(\frac{n}{m}\right)^{\frac{n}{2}}}{B\left(\frac{n}{2}, \frac{m}{2}\right)} \int_0^\infty x^2 \frac{x^{\frac{n}{2}-1}}{\left(1+\frac{nx}{m}\right)^{\frac{n+m}{2}}} dx = \frac{\left(\frac{n}{m}\right)^{\frac{n}{2}}}{B\left(\frac{n}{2}, \frac{m}{2}\right)} \int_0^\infty x^{\frac{n+2}{2}} \left(\frac{1}{1+\frac{n}{m}x}\right)^{\frac{n+m}{2}} dx$$

$$\left[\begin{array}{l} \bullet \dfrac{1}{1+\frac{n}{m}x} = y \iff x = \dfrac{m}{n}\dfrac{1-y}{y} \\ \bullet \, dx = -\dfrac{m}{n}\dfrac{dy}{y^2} \\ \bullet \, x: 0 \to \infty \iff y: 1 \to 0 \end{array}\right]$$

$$= \frac{\left(\frac{m}{n}\right)^2}{B\left(\frac{n}{2}, \frac{m}{2}\right)} \int_0^1 y^{\frac{m-4}{2}-1}(1-y)^{\frac{n+4}{2}-1} dy$$

$$= \frac{\left(\frac{m}{n}\right)^2 B\left(\frac{m-4}{2}, \frac{n+4}{2}\right)}{B\left(\frac{n}{2}, \frac{m}{2}\right)} = \frac{\left(\frac{m}{n}\right)^2 \frac{\frac{n+2}{2}}{\frac{m-4}{2}} \frac{\frac{n}{2}}{\frac{m-2}{2}} B\left(\frac{m}{2}, \frac{n}{2}\right)}{B\left(\frac{m}{2}, \frac{n}{2}\right)} = \frac{m^2(n+2)}{n(m-4)(m-2)},$$

$$\mathrm{V}[X] = \mathrm{E}[X^2] - \mathrm{E}[X]^2 = \frac{m^2(n+2)}{n(m-4)(m-2)} - \frac{m^2}{(m-2)^2} = \frac{2m^2(m+n-2)}{n(m-4)(m-2)^2}.$$

5.17 $I_k = \dfrac{N!}{k!(N-k-1)!}\displaystyle\int_0^{1-p} t^{N-k-1}(1-t)^k dt$ とおき，部分積分を繰返し行うと，

I_k

$= \dfrac{N!}{k!(N-k-1)!}\left\{\left[\dfrac{1}{N-k}t^{N-k}(1-t)^k\right]_0^{1-p} - \displaystyle\int_0^{1-p}\dfrac{1}{N-k}t^{N-k}k(1-t)^{k-1}(-1)\,dt\right\}$

$= \dfrac{N!}{k!(N-k-1)!}\left[\dfrac{1}{N-k}(1-p)^{N-k}p^k + \dfrac{k}{N-k}\displaystyle\int_0^{1-p}t^{N-k}(1-t)^{k-1}dt\right]$

$= \dfrac{N!}{k!(N-k)!}(1-p)^{N-k}p^k$

$\quad + \dfrac{N!}{(k-1)![N-(k-1)-1]!}\displaystyle\int_0^{1-p} t^{N-(k-1)-1}(1-t)^{k-1}dt$

$= {}_N C_k(1-p)^{N-k}p^k + I_{k-1} = {}_N C_k(1-p)^{N-k}p^k + {}_N C_{k-1}(1-p)^{N-(k-1)}p^{k-1} + I_{k-2}$

$= \cdots = \displaystyle\sum_{x=0}^k {}_N C_x(1-p)^{N-x}p^x = \mathrm{P}\left(\mathrm{Bi}(N,p) \leqq k\right).$

また，$2(k+1) = n, 2(N-k) = m, 2(N+1) = n+m$ より

$I_k = \dfrac{N!}{k!(N-k-1)!}\displaystyle\int_0^{1-p} t^{N-k-1}(1-t)^k dt$

$\left[\begin{array}{l} \bullet\, t = \dfrac{1}{1+\frac{nx}{m}} \iff x = \dfrac{m(1-t)}{nt},\ 1-t = \dfrac{\frac{nx}{m}}{1+\frac{nx}{m}} \\ \bullet\, dt = \dfrac{-\frac{n}{m}}{\left(1+\frac{nx}{m}\right)^2}dx \\ \bullet\, t: 0 \to 1-p \iff x: \infty \to \dfrac{mp}{n(1-p)} \end{array}\right]$

$= \dfrac{\Gamma(N+1)}{\Gamma(k+1)\Gamma(N-k)}\displaystyle\int_\infty^{\frac{mp}{n(1-p)}}\left(\dfrac{1}{1+\frac{nx}{m}}\right)^{N-k-1}\left(\dfrac{\frac{nx}{m}}{1+\frac{nx}{m}}\right)^k \dfrac{-\frac{n}{m}}{\left(1+\frac{nx}{m}\right)^2}dx$

$= \dfrac{\left(\frac{n}{m}\right)^{k+1}}{B(k+1, N-k)}\displaystyle\int_{\frac{mp}{n(1-p)}}^\infty \dfrac{x^k}{\left(1+\frac{nx}{m}\right)^{N+1}}dx$

$= \displaystyle\int_{\frac{mp}{n(1-p)}}^\infty \dfrac{\left(\frac{n}{m}\right)^{\frac{n}{2}}}{B\left(\frac{n}{2}, \frac{m}{2}\right)}\dfrac{x^{\frac{n}{2}-1}}{\left(1+\frac{nx}{m}\right)^{\frac{n+m}{2}}}dx = \mathrm{P}\left(F_m^n \geqq \dfrac{mp}{n(1-p)}\right).$

B.6　第6章の解答例

6.3 母集団分布 $\sim \mathrm{DU}(1,6)$ より，母平均 $= 7/2$, 母分散 $= 35/12$ なので $\mathrm{E}[\overline{X}] = \dfrac{7}{2}$, $\mathrm{V}[\overline{X}] = \dfrac{35}{12}/3 = \dfrac{35}{36}$.

B.7　第7章の解答例

7.2 (1) $\overline{X} \sim \mathrm{N}\left(300, \dfrac{20^2}{16}\right) = \mathrm{N}(300, 5^2)$ なので，

$$\mathrm{P}(290 \leq \overline{X} \leq 315) = \mathrm{P}\left(\underbrace{\dfrac{290-300}{5}}_{(=-2)} \leq \underbrace{\dfrac{\overline{X}-300}{5}}_{(\sim \mathrm{N}(0,1))} \leq \underbrace{\dfrac{315-300}{5}}_{(=3)}\right)$$

= （図：−2 から 3 の範囲）= （図：−2 から 0）+ （図：0 から 3）

= （図：0 から 2）+ （図：0 から 3） = 0.4772 + 0.4987 = 0.9759.

(2) $\overline{X} \sim \mathrm{N}\left(300, \dfrac{20^2}{n}\right)$ なので，

$$\mathrm{P}(\overline{X} > 280) \geq 0.88 \iff \mathrm{P}\left(\underbrace{\dfrac{\overline{X}-300}{\sqrt{\dfrac{20^2}{n}}}}_{(\sim \mathrm{N}(0,1))} > \underbrace{\dfrac{280-300}{\sqrt{\dfrac{20^2}{n}}}}_{(=-\sqrt{n})}\right) \geq 0.88$$

（図：0.12 以下，0.88 以上，$-\sqrt{n}$, 0） $\iff$ （図：0, $\sqrt{n}$, 0.12 以下）

$\iff \sqrt{n} \geq 1.175 \iff n \geq (1.175)^2 = 1.38 \implies n$ の最小値 $= 2$(人).

7.4 (1) $\dfrac{(n-1)U^2}{\sigma^2} \sim \chi_9^2$ なので

$$P\left(0 \leqq \dfrac{(n-1)U^2}{\sigma^2} < z\right) = 0.975 \iff P(0 \leqq \chi_9^2 < z) = 0.975$$

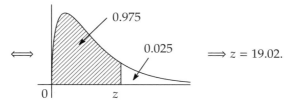

$\implies z = 19.02.$

(2) $0 \leqq \dfrac{9 \cdot 10}{\sigma^2} < 19.02 \iff \sigma^2 > \dfrac{9 \cdot 10}{19.02} = 4.731 = c.$

7.6 (1) $\dfrac{\overline{X} - \mu}{\sqrt{\dfrac{U^2}{n}}} \sim t_8$ なので

$$P\left(-z \leqq \dfrac{\overline{X} - \mu}{\sqrt{\dfrac{U^2}{n}}} \leqq z\right) = 0.99 \iff$$

$\dfrac{0.01}{2} = 0.005 \implies z = 3.355.$

(2) $-3.355 \leqq \dfrac{3 - \mu}{\sqrt{\dfrac{1}{9}}} \leqq 3.355 \iff \underbrace{3 - \dfrac{3.355}{3}}_{(=1.882=c_1)} \leqq \mu \leqq \underbrace{3 + \dfrac{3.355}{3}}_{(=4.118=c_2)}.$

7.8 (1) $\dfrac{U_A^2}{\sigma_A^2} \Big/ \dfrac{U_B^2}{\sigma_B^2} \sim F_{13}^{12}$ なので

$$P\left(\dfrac{U_A^2}{\sigma_A^2} \Big/ \dfrac{U_B^2}{\sigma_B^2} \geqq z\right) = 0.05 \iff \implies z = 2.60.$$

(2) $\dfrac{1.917}{\sigma_A^2} \Big/ \dfrac{2.385}{\sigma_B^2} \geqq 2.60 \iff \dfrac{\sigma_A^2}{\sigma_B^2} \leqq \dfrac{1.917}{2.60 \cdot 2.385} = 0.309 = c.$

B.8 第8章の解答例

8.4 $p \underset{50:大}{\fallingdotseq} \dfrac{16}{50} = 0.32.$

8.8 試行回数 $n = 400 \geqq 50$ なので，ド・モアブル–ラプラスの定理より $S_{400} \sim$ Bi$\left(400, \dfrac{1}{2}\right) \sim$ N$\left(400 \times \dfrac{1}{2}, 400 \times \dfrac{1}{2} \times \dfrac{1}{2}\right) =$ N$(200, 10^2)$. さらに半整数補正，標準化をして数表を読みます．

$$P(180 \leqq S_{400} \leqq 210) \fallingdotseq P\big(\underbrace{180 - 0.5}_{(=179.5)} \leqq N(200, 10^2) \leqq \underbrace{210 + 0.5}_{(=210.5)}\big)$$

$$= P\Big(\underbrace{\dfrac{179.5 - 200}{10}}_{(=-2.05)} \leqq \underbrace{\dfrac{N(200, 10^2) - 200}{10}}_{(\sim N(0,1))} \leqq \underbrace{\dfrac{210.5 - 200}{10}}_{(=1.05)}\Big)$$

$= 0.4798 + 0.3531 = 0.8329.$

> R による答

```
> pnorm(210,200,10)-pnorm(180,200,10)  # ド・モアブル-ラプラスの定理
[1] 0.8185946
> pnorm(210.5,200,10)-pnorm(179.5,200,10)  # 正規近似
[1] 0.8329587
> pbinom(210,400,0.5)-pbinom(179,400,0.5)  # 二項分布のまま
[1] 0.8330306
```

B.9 第 9 章の解答例

9.2 $n = 10, \bar{x} = 18.07, \sigma^2 = 0.50^2$ なので

$$\iff P\left(\boxed{-2.5758} \leq \underbrace{\frac{\bar{X} - \mu}{\sqrt{\frac{\sigma^2}{n}}}}_{(\sim N(0,1))} \leq \boxed{2.5758}\right) = 0.99$$

$$\implies \underbrace{18.07 - 2.5758\sqrt{\frac{0.50^2}{10}}}_{(=17.7)} \leq \mu \leq \underbrace{18.07 + 2.5758\sqrt{\frac{0.50^2}{10}}}_{(=18.5)} \text{より} [17.7, 18.5].$$

R による答 公式を利用します．

```
> x <- c(17.5,18.0,18.3,17.7,18.5,18.0,18.6,17.2,18.7,18.2)
> n <- 10
> a <- 0.01/2
> za <- qnorm(a,0,1,lower.tail=FALSE)
> m <- mean(x)
> s <- 0.50
> c(m-za*sqrt(s^2/n), m+za*sqrt(s^2/n))
[1] 17.66273 18.47727
```

9.3 $n = 20, \bar{x} = 2.52, u^2 = 0.12$ なので

$$\iff P\left(\boxed{-2.861} \leq \underbrace{\frac{\bar{X} - \mu}{\sqrt{\frac{U^2}{n}}}}_{(\sim t_{19})} \leq \boxed{2.861}\right) = 0.99$$

$$\implies \underbrace{2.52 - 2.861\sqrt{\frac{0.12}{20}}}_{(=2.29)} \leq \mu \leq \underbrace{2.52 + 2.861\sqrt{\frac{0.12}{20}}}_{(=2.74)} \text{より} [2.29, 2.74].$$

Rによる答 公式または検定で使う t.test の中にある conf.int を利用します.

```
> x <- c(2.84,2.35,3.16,2.52,2.26,1.87,2.96,2.90,2.21,2.59,
+         2.76,2.16,2.46,2.77,2.25,2.96,2.06,2.27,2.47,2.54)
> n <- 20
> a <- 0.01/2
> ta <- qt(a,n-1,lower.tail=FALSE)
> m <- mean(x)
> u2 <- var(x)
> c(m-ta*sqrt(u2/n), m+ta*sqrt(u2/n)) #公式
[1] 2.297039 2.738961
> t.test(x,alternative="two.sided",
+         conf.level=0.99)$conf.int #t.testのconf.int
[1] 2.297039 2.738961
attr(,"conf.level")
[1] 0.99
```

9.4 $n = 20, u^2 = 0.12$ なので

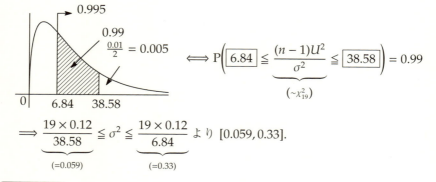

$$\Longrightarrow \underbrace{\frac{19 \times 0.12}{38.58}}_{(=0.059)} \leqq \sigma^2 \leqq \underbrace{\frac{19 \times 0.12}{6.84}}_{(=0.33)} \text{ より } [0.059, 0.33].$$

Rによる答 公式を利用します.

```
> x <- c(2.84,2.35,3.16,2.52,2.26,1.87,2.96,2.90,2.21,2.59,
+         2.76,2.16,2.46,2.77,2.25,2.96,2.06,2.27,2.47,2.54)
> n <- 20
> a <- 0.01/2
> ca <- qchisq(a,n-1,lower.tail=FALSE)
> cb <- qchisq(1-a,n-1,lower.tail=FALSE)
> u2 <- var(x)
> c((n-1)*u2/ca, (n-1)*u2/cb)
[1] 0.05875032 0.33119951
```

9.5 $n_A = n_B = 10, u_A^2 = 8.32, u_B^2 = 28.9$ なので

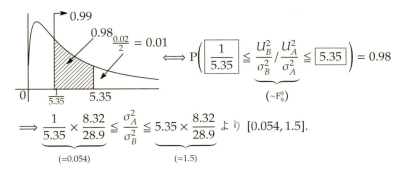

$$\Longrightarrow \underbrace{\frac{1}{5.35} \times \frac{8.32}{28.9}}_{(=0.054)} \leqq \frac{\sigma_A^2}{\sigma_B^2} \leqq \underbrace{5.35 \times \frac{8.32}{28.9}}_{(=1.5)} \text{ より } [0.054, 1.5].$$

R による答 公式または検定で使う `var.test` の中にある `conf.int` を利用します.

```
> A <- c(159,163,164,165,166,164,162,162,170,164)
> B <- c(171,165,165,170,179,174,181,172,171,177)
> nA <- 10
> nB <- 10
> a <- 0.02/2
> Fa <- qf(a,nA-1,nB-1,lower.tail=FALSE)
> Fb <- qf(1-a,nA-1,nB-1,lower.tail=FALSE)
> uA2 <- var(A)
> uB2 <- var(B)
> c(Fb*uA2/uB2, Fa*uA2/uB2) #公式
[1] 0.05373146 1.53857793
> var.test(A,B,altenative="two.sided",
+          conf.level=0.98)$conf.int #var.testのconf.int
[1] 0.05373146 1.53857793
attr(,"conf.level")
[1] 0.98
```

9.6 銘柄 P の常用者の比率を p とし, $n = 300 \geqq 50, s_{300} = 72$ なので

$$\Longleftrightarrow P\left(\boxed{-1.96} \leqq \frac{S_n - np}{\sqrt{np(1-p)}} \leqq \boxed{1.96}\right) = 0.95$$

$$\Longrightarrow \underbrace{\frac{72 - 1.96\frac{\sqrt{300}}{2}}{300}}_{(=0.183)} \leqq p \leqq \underbrace{\frac{72 + 1.96\frac{\sqrt{300}}{2}}{300}}_{(=0.297)} \text{ より } [0.183, 0.297].$$

[R による答] 公式を利用します．

```
> n <- 300
> a <- 0.05/2
> za <- qnorm(a,0,1,lower.tail=FALSE)
> sn <- 72
> c(sn/n-za*1/(2*sqrt(n)), sn/n+za*1/(2*sqrt(n)))
[1] 0.1834207 0.2965793
```

B.10　第 10 章の解答例

10.3 $p(x,\mu) = \dfrac{1}{\sqrt{2\pi\sigma^2}} e^{-\frac{(x-\mu)^2}{2\sigma^2}}$ より

$$\frac{\partial \log p(X,\mu)}{\partial \mu} = \frac{\partial}{\partial \mu}\left\{\log \frac{1}{\sqrt{2\pi\sigma^2}} - \frac{(X-\mu)^2}{2\sigma^2}\right\} = -\frac{2(X-\mu)(-1)}{2\sigma^2} = \frac{X-\mu}{\sigma^2},$$

$$n\mathrm{E}\left[\left(\frac{\partial \log p(X,\mu)}{\partial \mu}\right)^2\right] = \frac{n}{\sigma^4}\underbrace{\mathrm{E}\left[(X-\mu)^2\right]}_{(=\sigma^2)} = \frac{n}{\sigma^2},\quad \sigma_0^2 = \frac{\sigma^2}{n}.$$

また，$\mathrm{V}[\overline{X}] = \dfrac{\sigma^2}{n}$ なので $\mathrm{V}[\overline{X}] = \sigma_0^2$．クラメール–ラオの不等式より $\overline{X}$ は μ の有効推定量．

10.6 (1) チェビシェフの不等式より，

任意の $\varepsilon > 0$ に対し $\mathrm{P}(|\Theta - \theta| \geq \varepsilon) = \mathrm{E}\left(|\Theta - \theta|^2 \geq \varepsilon^2\right) \leq \dfrac{\mathrm{E}[|\Theta - \theta|^2]}{\varepsilon^2} \xrightarrow[n\to\infty]{} 0$.

よって，はさみうちの原理より Θ は θ の一致推定量．

(2) 二乗の期待値は期待値の二乗と分散の和，期待値の線形性，分散の性質 (減量分は無視される) より

$$\mathrm{E}[|\Theta - \theta|^2] = \mathrm{E}[\Theta - \theta]^2 + \mathrm{V}[\Theta - \theta] = (\mathrm{E}[\Theta] - \theta)^2 + \mathrm{V}[\Theta] \xrightarrow[n\to\infty]{} 0$$

なので，Θ は θ の平均二乗一致推定量．(1) より Θ は θ の一致推定量．

(3) $\mathrm{E}[\Theta] \xrightarrow[n\to\infty]{} \theta,\ \mathrm{V}[\Theta] \xrightarrow[n\to\infty]{} 0$, (2) より Θ は θ の一致推定量．

10.7 (1) Po(λ) の密度関数は $p(x, \lambda) = \dfrac{\lambda^x e^{-\lambda}}{x!}$. $X_1, \ldots, X_n$ をこの母集団からの無作為標本とすると,尤度関数 $L(\lambda) = \dfrac{\lambda^{X_1} e^{-\lambda}}{X_1!} \times \cdots \times \dfrac{\lambda^{X_n} e^{-\lambda}}{X_n!} = \dfrac{1}{X_1! \cdots X_n!} \lambda^{X_1 + \cdots + X_n} e^{-n\lambda}$ なので,対数尤度関数 $\log L(\lambda) = \log \dfrac{1}{X_1! \cdots X_n!} + (X_1 + \cdots + X_n) \log \lambda - n\lambda$. λ で微分すると

$$\frac{\partial \log L(\lambda)}{\partial \lambda} = \frac{X_1 + \cdots + X_n}{\lambda} - n,$$

$$\frac{\partial \log L(\lambda)}{\partial \lambda} = 0 \text{ となる } \lambda = \frac{X_1 + \cdots + X_n}{n} = \overline{X}.$$

λ	0		$\overline{X}$		∞
$\frac{\partial \log L(\lambda)}{\partial \lambda}$		$+$	0	$-$	
$\log L(\lambda)$		↗	最大	↘	

より $\log L(\lambda)$ は $\lambda = \overline{X}$ で最大になるので λ の最尤推定量は $\overline{X}$.

(2) N(μ, σ^2) の密度関数は $p(x, \mu) = \dfrac{1}{\sqrt{2\pi\sigma^2}} e^{-\frac{(x-\mu)^2}{2\sigma^2}}$. $X_1, \ldots, X_n$ をこの母集団からの無作為標本とすると,尤度関数 $L(\mu)$ は

$$L(\mu) = \frac{1}{\sqrt{2\pi\sigma^2}} e^{-\frac{(X_1-\mu)^2}{2\sigma^2}} \times \cdots \times \frac{1}{\sqrt{2\pi\sigma^2}} e^{-\frac{(X_n-\mu)^2}{2\sigma^2}} = \frac{1}{\sqrt{2\pi\sigma^2}^n} e^{-\frac{1}{2\sigma^2}\left[(X_1-\mu)^2 + \cdots + (X_n-\mu)^2\right]}$$

なので,対数尤度関数 $\log L(\mu) = \log \dfrac{1}{\sqrt{2\pi\sigma^2}^n} - \dfrac{1}{2\sigma^2}\left[(X_1 - \mu)^2 + \cdots + (X_n - \mu)^2\right]$. μ で微分すると

$$\frac{\partial \log L(\mu)}{\partial \mu} = -\frac{2(X_1 - \mu)(-1) + \cdots + 2(X_n - \mu)(-1)}{2\sigma^2} = \frac{(X_1 + \cdots + X_n) - n\mu}{\sigma^2},$$

$$\frac{\partial \log L(\mu)}{\partial \mu} = 0 \text{ となる } \mu = \frac{X_1 + \cdots + X_n}{n} = \overline{X}.$$

μ	$-\infty$		$\overline{X}$		∞
$\frac{\partial \log L(\mu)}{\partial \mu}$		$+$	0	$-$	
$\log L(\mu)$		↗	最大	↘	

より $\log L(\mu)$ は $\mu = \overline{X}$ で最大になるので μ の最尤推定量は $\overline{X}$.

(3) $N(\mu, v)$ の密度関数は $p(x, v) = \dfrac{1}{\sqrt{2\pi v}} e^{-\frac{(x-\mu)^2}{2v}}$. $X_1, \ldots, X_n$ をこの母集団からの無作為標本とすると，尤度関数 $L(v) = \dfrac{1}{\sqrt{2\pi v}^n} e^{-\frac{1}{2v}\sum_{i=1}^{n}(X_i-\mu)^2}$ なので，対数尤度関数 $\log L(v) = -\dfrac{1}{2v}\sum_{i=1}^{n}(X_i-\mu)^2 - \dfrac{n}{2}\log(2\pi v)$. v で微分すると

$$\dfrac{\partial \log L(v)}{\partial v} = \dfrac{\sum_{i=1}^{n}(X_i-\mu)^2}{2}\dfrac{1}{v^2} - \dfrac{n}{2}\dfrac{1}{v} = \dfrac{\sum_{i=1}^{n}(X_i-\mu)^2 - nv}{2v^2},$$

$$\dfrac{\partial \log L(v)}{\partial v} = 0 \text{ となる } v = \dfrac{1}{n}\sum_{i=1}^{n}(X_i-\mu)^2 = S^2 + (\overline{X}-\mu)^2 =: \tilde{S}^2,$$

v	0		$\tilde{S}^2$		∞
$\dfrac{\partial \log L(v)}{\partial v}$		+	0	−	
$\log L(v)$		↗	最大	↘	

より $\log L(v)$ は $v = \tilde{S}^2$ で最大になるので v の最尤推定量は $\tilde{S}^2$.

B.11　第 11 章の解答例

11.1 (1) $H_0 : \mu = 60$, 　$H_1 : \mu \neq 60$. 　(2) $Q = \dfrac{\overline{X}-\mu_0}{\sqrt{\dfrac{\sigma^2}{n}}}$ $\left(\overset{H_0}{\sim} N(0,1)\right)$.

(3) H_0 の下で $P\left(Q < -c \text{ または } c < Q\right) = 0.05 \iff$

となる $c = 1.96$.

(4) H_0 の下で Q の実現値 q が

$$q = \dfrac{38 - 60}{\sqrt{\dfrac{15^2}{100}}} = -14.66 < -1.96 \implies H_0 \text{は棄却される}.$$

つまり μ は 60 でないといえる．

11.2 (1) $H_0 : \mu = 50, \quad H_1 : \mu > 50.$ (2) $Q = \dfrac{\overline{X} - \mu_0}{\sqrt{\dfrac{U^2}{n}}}$ ($\overset{H_0}{\sim} t_{14}$).

(3) H_0 の下で $P(Q > c) = 0.025 \iff$ となる $c =$ 2.145.

(4) H_0 の下での Q の実現値 q が
$$q = \dfrac{52.8 - 50}{\sqrt{\dfrac{9.31}{15}}} = 3.55 > 2.145 \implies H_0 \text{は棄却される}.$$

つまり μ は 50 より大きいといえる.

R による答 この検定は `t.test` を利用できます. `alternative="two.sided"`, `"less"`, `"greater"` で両側, 左片側, 右片側を, `mu=`μ_0 で帰無仮説を指定します. また, `sig.level` に危険率 α を指定します.

```
> x <- c(54,55,55,54,50,53,49,51,52,51,58,56,46,55,53)
> t.test(x, alternative="greater" ,mu=50, sig.level=0.025)

        One Sample t-test

data:  x
t = 3.5533, df = 14, p-value = 0.00159
alternative hypothesis: true mean is greater than 50
95 percent confidence interval:
 51.41208      Inf
sample estimates:
mean of x
     52.8
```

結果にある p-value$(= P(t_{14} > t))$ が, p-value $< \alpha$ ならば H_0 が棄却され, p-value $\geqq \alpha$ ならば H_0 は棄却されません. 今回は p-value $= P(t_{14} > 3.5533) = 0.00159 < 0.025$ より H_0 は棄却されます.

11.3 (1) $H_0 : \sigma^2 = 0.01$, $H_1 : \sigma^2 \neq 0.01$. (2) $Q = \dfrac{(n-1)U^2}{\sigma_0^2}$ ($\overset{H_0}{\sim} \chi_9^2$).

(3) H_0 の下で $P\left(Q < c_1 \text{ または } c_2 < Q\right) = 0.05 \iff$ と

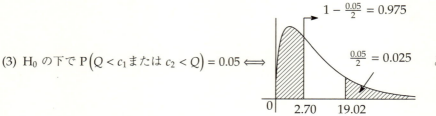

なる $c_1 = 2.70, c_2 = 19.02$.

(4) H_0 の下での Q の実現値 q が

$$q = \frac{9 \cdot 0.014}{0.01} = 12.6 \begin{cases} \geq 2.70, \\ \leq 19.02 \end{cases} \implies H_0 \text{は棄却されない}.$$

つまり σ^2 は 0.01 でないといえない.

11.4 (1) $H_0 : \sigma_A^2 = \sigma_B^2$, $H_1 : \sigma_A^2 \neq \sigma_B^2$. (2) $Q = \dfrac{U_A^2}{U_B^2}$ ($\overset{H_0}{\sim} F_7^9$).

(3) H_0 の下で $P\left(Q < c_1 \text{ または } c_2 < Q\right) = 0.1 \iff$

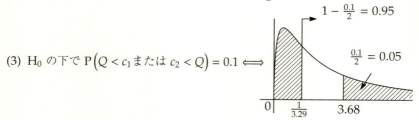

となる $c_1 = \dfrac{1}{3.29} = 0.304, c_2 = 3.68$.

(4) H_0 の下での Q の実現値 q が

$$q = \frac{7.57}{1.36} = 5.57 > 3.68 \implies H_0 \text{は棄却される}.$$

つまり餌 A と B に栄養のばらつきの違いがあるといえる.

Rによる答 この検定は `var.test` を利用できます．

```
> A <- c(97,102,97,98,102,100,101,99,101,106)
> B <- c(80,78,80,80,81,80,78,81)
> var.test(A, B, altenative="two.sided", sig.level=0.1)

        F test to compare two variances

data:  A and B
F = 5.5754, num df = 9, denom df = 7, p-value = 0.03378
alternative hypothesis: true ratio of variances is not equal
    to 1
95 percent confidence interval:
  1.155958 23.400376
sample estimates:
ratio of variances
          5.575439
```

今回は p-value = $\overset{両側}{2}$ $P(F_7^9 > 5.5754) = 0.03378 < 0.1$ より H_0 は棄却されます．

11.5 (1) $H_0 : \mu_A = \mu_B,\quad H_1 : \mu_A \neq \mu_B.$ (2) $Q = \dfrac{\overline{X} - \overline{Y}}{\sqrt{\dfrac{\sigma_A^2}{n_A} + \dfrac{\sigma_B^2}{n_B}}}$ $\left(\overset{H_0}{\sim} N(0,1)\right).$

(3) H_0 の下で $P(Q < -c \text{ または } c < Q) = 0.05 \iff$ 　$\dfrac{0.05}{2} = 0.025$

となる $c = 1.96$.

(4) H_0 の下での Q の実現値 q が

$$q = \frac{171.5 - 175.6}{\sqrt{\dfrac{5.5^2}{15} + \dfrac{6.1^2}{10}}} = -1.71 \begin{cases} \geq -1.96, \\ \leq 1.96 \end{cases} \implies H_0 \text{は棄却されない．}$$

つまり A 国男性と B 国男性に身長の平均の違いがあるといえない．

11.6 (1) $H_0 : \mu_A = \mu_B$, $H_1 : \mu_A \neq \mu_B$. (2) $Q = \dfrac{\overline{X} - \overline{Y}}{\sqrt{\dfrac{U_{AB}^2}{n_A} + \dfrac{U_{AB}^2}{n_B}}}$ ($\overset{H_0}{\sim} t_{23}$).

(3) H_0 の下で $P(Q < -c$ または $c < Q) = 0.05 \iff$

$\dfrac{0.05}{2} = 0.025$

$-2.069 \quad 0 \quad 2.069$

となる $c = 2.069$.

(4) H_0 の下での Q の実現値 q が

$q = \dfrac{175.5 - 176.2}{\sqrt{\left(\dfrac{1}{15} + \dfrac{1}{10}\right)\dfrac{14 \cdot 27.3 + 9 \cdot 35.7}{23}}} = -0.31 \begin{cases} \geq -2.069, \\ \leq 2.069 \end{cases} \implies H_0$ は棄却されない.

つまり A 国男性と B 国男性に身長の平均の違いがあるといえない.

R による答　この検定は `t.test` を利用できます．`var.equal=TRUE` で等分散を指定します．

```
> A <- c(174,179,184,167,181,175,176,180,168,181,
+        170,170,180,174,174)
> B <- c(176,180,180,176,178,186,163,176,172,175)
> t.test(A, B, var.equal=TRUE, sig.level=0.05)

        Two Sample t-test

data:  A and B
t = -0.2953, df = 23, p-value = 0.7704
alternative hypothesis: true difference in means is not equal
     to 0
95 percent confidence interval:
 -5.336804  4.003471
sample estimates:
mean of x mean of y
 175.5333  176.2000
```

今回は p-value = $\overset{\text{両側}}{2} P(t_{23} < -0.2953) = 0.7704 \geq 0.05$ より H_0 は棄却されません．

11.7 (1) $H_0 : p = \dfrac{1}{6}$, $H_1 : p > \dfrac{1}{6}$. (2) $Q = \dfrac{S_n - np_0}{\sqrt{np_0(1-p_0)}}$ ($\underset{n \geqq 50}{\overset{H_0}{\sim}}$ $N(0,1)$).

(3) H_0 の下で $P(Q > c) = 0.05 \iff$ 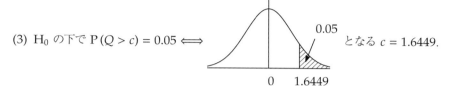 となる $c = 1.6449$.

(4) $n = 300, s_{300} = 58$ より H_0 の下での Q の実現値 q が

$$q = \dfrac{58 - 300 \cdot \dfrac{1}{6}}{\sqrt{300 \cdot \dfrac{1}{6} \cdot \dfrac{5}{6}}} = 1.23 \leqq 1.6449 \Longrightarrow H_0 \text{は棄却されない}.$$

つまりこのサイコロの 6 の目を出す率 p は $\dfrac{1}{6}$ より真に高いといえない.

B.12 第 12 章の解答例

例 12.2 [R による答] この検定は `chisq.test` を利用できます．p=(各カテゴリーの理論比率) で帰無仮説を指定します．

```
> x <- c(18,25,18,20,22,17)
> pi <- c(1,1,1,1,1,1)/6
> chisq.test(x,p=pi)

        Chi-squared test for given probabilities

data:  x
X-squared = 2.3, df = 5, p-value = 0.8063
```

今回は p-value $= P(\chi_5^2 > 2.3) = 0.8063 \geqq 0.05$ より H_0 は棄却されません.

12.4 (1) H_0 : すべての $j=1,2, k=1,2,3$ に対し $p_{jk}=p_{A_j}p_{B_k}$,　$H_1 : H_0$ ではない.

(2) $Q = \displaystyle\sum_{\substack{j=1,2,\\k=1,2,3}} \dfrac{\left(F_{jk} - \dfrac{F_{A_j}F_{B_k}}{n}\right)^2}{\dfrac{F_{A_j}F_{B_k}}{n}}$ $\left(\stackrel{H_0,}{\underset{代用}{=}} \displaystyle\sum_{\substack{j=1,2,\\k=1,2,3}} \dfrac{(F_{jk} - np_{jk})^2}{np_{jk}} \stackrel{n \geqq 50}{\approx} \chi^2_{(2-1)(3-1)} = \chi^2_2 \right).$

$\left(p_{A_j} \to \dfrac{F_{A_j}}{n},\ p_{B_k} \to \dfrac{F_{B_k}}{n} \text{と代用.} \right)$

(3) H_0 の下で $P(Q > c) = 0.01$ となる $c = 9.21$.

(4) H_0 の下での Q の実現値 q が

$$q = \dfrac{\left(41 - \dfrac{74 \cdot 67}{160}\right)^2}{\dfrac{74 \cdot 67}{160}} + \dfrac{\left(18 - \dfrac{74 \cdot 64}{160}\right)^2}{\dfrac{74 \cdot 64}{160}} + \dfrac{\left(15 - \dfrac{74 \cdot 29}{160}\right)^2}{\dfrac{74 \cdot 29}{160}}$$

$$+ \dfrac{\left(26 - \dfrac{86 \cdot 67}{160}\right)^2}{\dfrac{86 \cdot 67}{160}} + \dfrac{\left(46 - \dfrac{86 \cdot 64}{160}\right)^2}{\dfrac{86 \cdot 64}{160}} + \dfrac{\left(14 - \dfrac{86 \cdot 29}{160}\right)^2}{\dfrac{86 \cdot 29}{160}} = 14.83 > 9.21$$

$\Longrightarrow H_0$ は棄却される.

つまり, このサッカーチームの先制点の有無と試合結果は独立でないといえる.

R による答 この検定は `chisq.test` を利用できます.

```
> x <- matrix(c(41,18,15,26,46,14), nrow=2, byrow=T)
> chisq.test(x)

        Pearson's Chi-squared test

data:  x
X-squared = 14.826, df = 2, p-value = 0.0006033
```

今回は $\text{p-value} = P(\chi^2_2 > 14.826) = 0.0006033 < 0.01$ より H_0 は棄却されます.

例 12.5 R による答 (1) まずパッケージ pwr を読み込み，pwr.norm.test を利用します．n に標本の大きさ，d に今回の効果量 Δ，sig.level に危険率 (有意水準) α，alternative に両側, 左片側, 右片側を指定します．

```
> pwr.norm.test(n=9, d=1.2, sig.level=0.05,
+                alternative="greater")

     Mean power calculation for normal distribution with
   known variance

             d = 1.2
             n = 9
     sig.level = 0.05
         power = 0.9747171
   alternative = greater
```

つまり検定力 $1-\beta$ = power = 0.9747171 とわかります．また，効果量と危険率は同じで標本の大きさを $n = 10, 20$ と大きくして計算してみますと

```
> pwr.norm.test(n=10, d=1.2, sig.level=0.05,
+                alternative="greater")$power
[1] 0.9842176
> pwr.norm.test(n=20, d=1.2, sig.level=0.05,
+                alternative="greater")$power
[1] 0.9999011
```

となり確かに標本が大きいほど検定力は高くなっています．

(2) (1) と同様に pwr.norm.test を利用します．ただし今回は n は指定せず，power に検定力 $1-\beta$ の下限 0.8 を指定します．

```
> pwr.norm.test(d=1.2, sig.level=0.05,
+                alternative="greater", power=0.8)

     Mean power calculation for normal distribution with
   known variance

             d = 1.2
             n = 4.293444
     sig.level = 0.05
         power = 0.8
   alternative = greater
```

つまり標本の大きさ n は 5 以上に設定する必要があるとわかります．

12.7

$$\bar{x} = \frac{1}{5}(1.2 + \cdots + 1.6) = 1.84, \quad \overline{x^2} = \frac{1}{5}(1.2^2 + \cdots + 1.6^2) = 4.432,$$

$$s_x^2 = \overline{x^2} - \bar{x}^2 = 4.432 - 1.84^2 = 1.0464, \quad \bar{y} = \frac{1}{5}(3.2 + \cdots + 0.8) = 3.68,$$

$$\overline{x \cdot y} = \frac{1}{5}(1.2 \times 3.2 + \cdots + 1.6 \times 0.8) = 9.64,$$

$$s_{xy} = \overline{x \cdot y} - \bar{x} \cdot \bar{y} = 9.64 - 1.84 \cdot 3.68 = 2.8688,$$

$$\hat{\alpha} = \frac{s_{xy}}{s_x^2} = \frac{2.8688}{1.0464} = 2.741, \quad \hat{\beta} = \bar{y} - \hat{\alpha}\bar{x} = 3.68 - 2.741 \cdot 1.84 = -1.363$$

なので標本回帰直線の方程式は $y = \hat{\alpha}x + \hat{\beta} = 2.74x - 1.36$ です.

⎡R による答⎤ 標本回帰係数は `lsfit` の `coefficients` から求められます.

```
> x <- c(1.2,2.2,3.6,0.6,1.6)
> y <- c(3.2,5.4,8.6,0.4,0.8)
> lsfit(x,y)$coefficients
Intercept         X
-1.364526  2.741590
```

つまり $\hat{\alpha} = 2.74, \hat{\beta} = -1.36$ とわかります. また, `plot` と `abline` を合わせると散布図と標本回帰直線を描けます.

```
> plot(x,y)
> abline(lsfit(x,y))
```

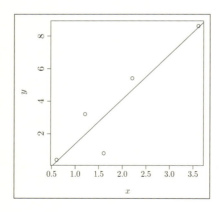

12.8

$$\overline{x} = \frac{1}{10}(155 \times 4 + 164 \times 3 + 173 \times 3) = 163.1,$$

$$\overline{x^2} = \frac{1}{10}(155^2 \times 4 + 164^2 \times 3 + 173^2 \times 3) = 26657.5,$$

$$s_x^2 = \overline{x^2} - \overline{x}^2 = 55.89, \quad \overline{y} = \frac{1}{10}(48 \times 3 + 57 \times 2 + 66 \times 5) = 58.8,$$

$$\overline{x \cdot y} = \frac{1}{10}(155 \times 48 \times 3 + 155 \times 57 \times 1 + 164 \times 57 \times 1$$
$$+ 164 \times 66 \times 2 + 173 \times 66 \times 3) = 9640.5,$$

$$s_{xy} = \overline{x \cdot y} - \overline{x} \cdot \overline{y} = 50.22,$$

$$\hat{\alpha} = \frac{s_{xy}}{s_x^2} = \frac{50.22}{55.89} = 0.8985, \quad \hat{\beta} = \overline{y} - \hat{\alpha}\overline{x} = 58.8 - 0.8985 \cdot 163.1 = -87.74$$

なので標本回帰直線の方程式は $y = \hat{\alpha}x + \hat{\beta} = 0.899X - 87.7$.

B.13 第 13 章の解答例

13.1 小さい順に左から並べると $1, 1, 1, 1, 1, 4, 4, 5, 5, 6$ より

$$\overline{x} = \frac{1 \times 5 + 4 \times 2 + 5 \times 2 + 6 \times 1}{10} = 2.9,$$

$$Q_{\frac{1}{4}} = \hat{x}_{\lfloor 3.25 \rfloor} + (3.25 - \lfloor 3.25 \rfloor)(\hat{x}_{\lceil 3.25 \rceil} - \hat{x}_{\lfloor 3.25 \rfloor})$$
$$= \hat{x}_3 + (3.25 - 3)(\hat{x}_4 - \hat{x}_3) = 1 + 0.25(1 - 1) = 1,$$

$$Q_{\frac{1}{2}} = \text{Me} = \frac{1+4}{2} = 2.5,$$

$$Q_{\frac{3}{4}} = \hat{x}_{\lfloor 7.75 \rfloor} + (7.75 - \lfloor 7.75 \rfloor)(\hat{x}_{\lceil 7.75 \rceil} - \hat{x}_{\lfloor 7.75 \rfloor})$$
$$= \hat{x}_7 + (7.75 - 7)(\hat{x}_8 - \hat{x}_7) = 4 + 0.75(5 - 4) = 4.75,$$

$$\text{HL} = \lceil 1, 1, 1, 1, 1 \text{ の Me} \rfloor = 1,$$
$$\text{HU} = \lceil 4, 4, 5, 5, 6 \text{ の Me} \rfloor = 5,$$
$$\text{Mo} = 1 \quad (1:5 \text{ 個}, 4:2 \text{ 個}, 5:2 \text{ 個}, 6:1 \text{ 個より}),$$

$$s^2 = \frac{1^2 \times 5 + 4^2 \times 2 + 5^2 \times 2 + 6^2 \times 1}{10} - 2.9^2 = 3.89,$$

$$s = \sqrt{3.89} = 1.97.$$

R による答

```
> x <- c(5,1,1,4,1,5,6,1,1,4)
> sort(x) #小さい順に左から並べる
 [1] 1 1 1 1 1 4 4 5 5 6
> mean(x)
[1] 2.9
> summary(x)
   Min. 1st Qu.  Median    Mean 3rd Qu.    Max.
   1.00    1.00    2.50    2.90    4.75    6.00
> fivenum(x)
[1] 1.0 1.0 2.5 5.0 6.0
> mean(x^2)-mean(x)^2
[1] 3.89
> sqrt(mean(x^2)-mean(x)^2)
[1] 1.972308
```

13.2 次のように標本空間を区切り，ベイズの定理を用いて，

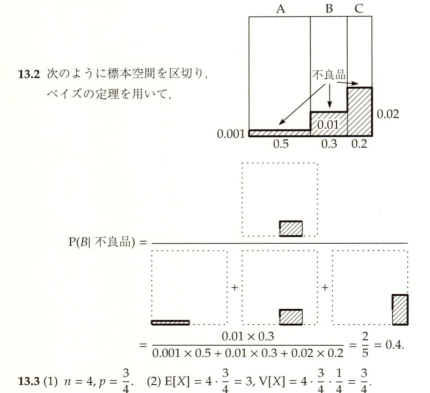

$$P(B|\text{不良品}) = \frac{0.01 \times 0.3}{0.001 \times 0.5 + 0.01 \times 0.3 + 0.02 \times 0.2} = \frac{2}{5} = 0.4.$$

13.3 (1) $n = 4, p = \dfrac{3}{4}$. (2) $E[X] = 4 \cdot \dfrac{3}{4} = 3$, $V[X] = 4 \cdot \dfrac{3}{4} \cdot \dfrac{1}{4} = \dfrac{3}{4}$.

13.4 $X \sim \mathrm{Po}(4)$ より，$\mathrm{P}(X=2) = \dfrac{4^2 e^{-4}}{2!} = \dfrac{8}{e^4} = 0.147$.

> R による答

```
> dpois(2,4)
[1] 0.1465251
```

13.5 当たりの本数 $X \sim \mathrm{Bi}(100, 0.03)$ で，$100 \geqq 50, 100 \times 0.03 = 3 \leqq 5$ より

$$\mathrm{P}(X \geqq 3) \fallingdotseq \mathrm{P}(\mathrm{Po}(3) \geqq 3) = 1 - \mathrm{P}(\mathrm{Po}(3) \leqq 2)$$
$$= 1 - \mathrm{P}(\mathrm{Po}(3) = 0) - \mathrm{P}(\mathrm{Po}(3) = 1) - \mathrm{P}(\mathrm{Po}(3) = 2)$$
$$= 1 - \dfrac{3^0 e^{-3}}{0!} - \dfrac{3^1 e^{-3}}{1!} - \dfrac{3^2 e^{-3}}{2!} = 1 - \dfrac{17}{2e^3} = 0.577.$$

> R による答

```
> ppois(2,3,lower.tail=FALSE) #ポアソン近似
[1] 0.5768099
> pbinom(2,100,0.03,lower.tail=FALSE) #二項分布のまま
[1] 0.5802249
```

13.6 (1) $X \sim \mathrm{Ge}\left(\dfrac{1}{50}\right), y = x - 1$ と置換して，

$$\mathrm{P}(Y \geqq 40) = \mathrm{P}(X \geqq 41) = \sum_{x=41}^{\infty} \left(1 - \dfrac{1}{50}\right)^{x-1} \dfrac{1}{50} = \sum_{y=40}^{\infty} \left(\dfrac{49}{50}\right)^y \dfrac{1}{50}$$
$$= \dfrac{\left(\dfrac{49}{50}\right)^{40}}{1 - \dfrac{49}{50}} \dfrac{1}{50} = \left(\dfrac{49}{50}\right)^{40} = 0.446.$$

(2) 幾何分布の無記憶性と (1) より $\mathrm{P}(Y \geqq 80 \mid Y \geqq 40) = \mathrm{P}(X > 80 \mid X > 40) = \mathrm{P}(X > 40) = 0.446$.

> R による答

```
> pgeom(39,1/50,lower.tail=FALSE) #(1)
[1] 0.4457004
> pgeom(79,1/50,lower.tail=FALSE)/
+ pgeom(39,1/50,lower.tail=FALSE) #(2)
[1] 0.4457004
```

13.7 (1) $X \sim \text{Ex}\left(\frac{1}{10}\right)$, つまり $p(x) = \frac{1}{10}e^{-\frac{1}{10}x}$ $(0 \leqq x < \infty)$, 0 (その他) より

$$P(X \geqq 30) = \int_{30}^{\infty} p(x)\,dx = \int_{30}^{\infty} \frac{1}{10}e^{-\frac{1}{10}x}dx = \left[-e^{-\frac{1}{10}x}\right]_{30}^{\infty} = e^{-\frac{1}{10} \cdot 30} = e^{-3} = 0.05.$$

(2) 指数分布の無記憶性と (1) より $P(X \geqq 80 \mid X \geqq 40) = P(X \geqq 40) = e^{-4} = 0.018$.

> [!NOTE] R による答

```
> pexp(30,1/10,lower.tail=FALSE)  #(1)
[1] 0.04978707
> pexp(80,1/10,lower.tail=FALSE)/
+ pexp(40,1/10,lower.tail=FALSE)  #(2)
[1] 0.01831564
```

13.8 [t_n の密度関数 $p_n(x)$ $\underset{n\to\infty}{\longrightarrow}$ [N(0,1) の密度関数] $\Longrightarrow$ $t_n \underset{n\to\infty}{\sim}$ N(0,1) を利用します．まず t 分布の密度関数に現れるベータ関数をガンマ関数で表します．

$$B\left(\frac{n}{2}, \frac{1}{2}\right) = \frac{\Gamma\left(\frac{n}{2}\right)\Gamma\left(\frac{1}{2}\right)}{\Gamma\left(\frac{n}{2} + \frac{1}{2}\right)} = \frac{\sqrt{\pi}\,\Gamma\left(\frac{n}{2}\right)}{\Gamma\left(\frac{n+1}{2}\right)}.$$

そして，スターリングの公式 $\Gamma(x+1) \underset{x\to\infty}{\approx} \sqrt{2\pi x}\, x^x e^{-x}$ を利用してガンマ関数の極限を計算します．ここで，$f(x) \underset{x\to\infty}{\approx} g(x)$ とは $f(x)/g(x) \underset{x\to\infty}{\longrightarrow} 1$ という意味です．

$$\Gamma\left(\frac{n+1}{2}\right) \underset{n\to\infty}{\approx} \sqrt{2\pi\left(\frac{n+1}{2} - 1\right)}\left(\frac{n+1}{2} - 1\right)^{\frac{n+1}{2}-1} e^{-\left(\frac{n+1}{2}-1\right)},$$

$$\Gamma\left(\frac{n}{2}\right) \underset{n\to\infty}{\approx} \sqrt{2\pi\left(\frac{n}{2} - 1\right)}\left(\frac{n}{2} - 1\right)^{\frac{n}{2}-1} e^{-\left(\frac{n}{2}-1\right)}.$$

さらに，$\left(1 + \frac{1}{n}\right)^n \underset{n\to\infty}{\longrightarrow} e$ であることも利用すると，

$$\begin{aligned}
p_n(x) &= \frac{\Gamma\left(\frac{n+1}{2}\right)}{\sqrt{n\pi}\,\Gamma\left(\frac{n}{2}\right)}\left(1 + \frac{x^2}{n}\right)^{-\frac{n+1}{2}} \\
&\underset{n\to\infty}{\approx} \frac{\sqrt{2\pi\left(\frac{n+1}{2}-1\right)}\left(\frac{n+1}{2}-1\right)^{\frac{n+1}{2}-1}e^{-\left(\frac{n+1}{2}-1\right)}}{\sqrt{n\pi}\,\sqrt{2\pi\left(\frac{n}{2}-1\right)}\left(\frac{n}{2}-1\right)^{\frac{n}{2}-1}e^{-\left(\frac{n}{2}-1\right)}}\left[\left(1+\frac{x^2}{n}\right)^n\right]^{-\frac{n+1}{2n}} \\
&= \sqrt{\frac{1}{2} - \frac{1}{n}}\,\frac{1}{\sqrt{\pi}}\left(\frac{n-1}{n-2}\right)^{\frac{n}{2}}\frac{1}{\sqrt{e}}\left[\left(1+\frac{x^2}{n}\right)^n\right]^{-\frac{n+1}{2n}} \underset{n\to\infty}{\longrightarrow} \frac{1}{\sqrt{2\pi}}\,e^{-\frac{x^2}{2}}.
\end{aligned}$$

13.9 まず，$\dfrac{\partial \log p(X,\lambda)}{\partial \lambda} = \dfrac{\partial}{\partial \lambda} \log \dfrac{\lambda^X e^{-\lambda}}{X!} = \dfrac{\partial}{\partial \lambda}[X \log \lambda - \lambda - \log(X!)] = \dfrac{X}{\lambda} - 1$ より $E\left[\left(\dfrac{\partial \log p(X,\lambda)}{\partial \lambda}\right)^2\right] = \dfrac{E\left[(X-\lambda)^2\right]}{\lambda^2} = \dfrac{1}{\lambda}$. よって $V[\overline{X}] = \dfrac{\lambda}{n} = \dfrac{1}{nE\left[\left(\dfrac{\partial \log p(X,\lambda)}{\partial \lambda}\right)^2\right]}$.

ゆえに，クラメール–ラオの不等式から $\overline{X}$ は λ の有効推定量．

13.10 (1) $n=10, \overline{x}=17.52, \sigma^2=0.25$ なので

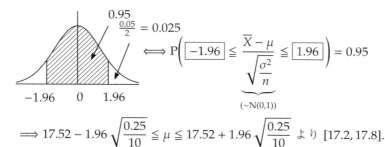

$\implies 17.52 - 1.96\sqrt{\dfrac{0.25}{10}} \leqq \mu \leqq 17.52 + 1.96\sqrt{\dfrac{0.25}{10}}$ より $[17.2, 17.8]$.

R による答

```
> x <- c(17.6,16.8,13.5,15.8,18.2,19.3,18.8,19.0,18.7,17.5)
> n <- 10
> a <- 0.05/2
> za <- qnorm(a,0,1,lower.tail=FALSE)
> m <- mean(x)
> s2 <- 0.25
> c(m-za*sqrt(s2/n), m+za*sqrt(s2/n))
[1] 17.2101 17.8299
```

(2) $n=10, \overline{x}=17.52, u^2=3.166$ なので

0.95
$\dfrac{0.05}{2} = 0.025$

$\iff P\left(\boxed{-2.262} \leqq \dfrac{\overline{X}-\mu}{\sqrt{\dfrac{U^2}{n}}} \leqq \boxed{2.262}\right) = 0.95$

$(\sim t_9)$

$-2.262 \quad 0 \quad 2.262$

$\implies 17.52 - 2.262\sqrt{\dfrac{3.166}{10}} \leqq \mu \leqq 17.52 + 2.262\sqrt{\dfrac{3.166}{10}}$ より $[16.2, 18.8]$.

R による答

```
> x <- c(17.6,16.8,13.5,15.8,18.2,19.3,18.8,19.0,18.7,17.5)
> n <- 10
> a <- 0.05/2
> ta <- qt(a,9,lower.tail=FALSE)
> m <- mean(x)
> u2 <- var(x)
> c(m-ta*sqrt(u2/n), m+ta*sqrt(u2/n)) #公式
[1] 16.2471 18.7929
> t.test(x,alternative="two.sided",
+         conf.level=0.95)$conf.int #t.testのconf.int
[1] 16.2471 18.7929
attr(,"conf.level")
[1] 0.95
```

(3) $n = 10, u^2 = 3.166$ なので

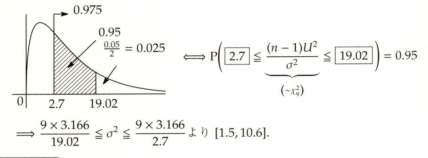

$$\Longrightarrow \frac{9 \times 3.166}{19.02} \leqq \sigma^2 \leqq \frac{9 \times 3.166}{2.7} \text{ より } [1.5, 10.6].$$

R による答

```
> x <- c(17.6,16.8,13.5,15.8,18.2,19.3,18.8,19.0,18.7,17.5)
> n <- 10
> a <- 0.05/2
> ca <- qchisq(a,n-1,lower.tail=FALSE)
> cb <- qchisq(1-a,n-1,lower.tail=FALSE)
> u2 <- var(x)
> c((n-1)*u2/ca, (n-1)*u2/cb)
[1]  1.497994 10.552552
```

(4) $n = n' = 10, u^2 = 3.166, u'^2 = 0.24$ なので

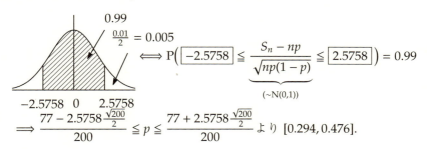

$$\Longleftrightarrow \mathrm{P}\left(\boxed{\frac{1}{5.35}} \leqq \underbrace{\frac{U'^2}{\sigma'^2} \Big/ \frac{U^2}{\sigma^2}}_{(\sim F_9^9)} \leqq \boxed{5.35}\right) = 0.98$$

$$\Longrightarrow \frac{1}{5.35} \times \frac{3.166}{0.24} \leqq \frac{\sigma^2}{\sigma'^2} \leqq 5.35 \times \frac{3.166}{0.24} \text{ より } [2.47, 70.6].$$

R による答

```
> A <- c(17.6,16.8,13.5,15.8,18.2,19.3,18.8,19.0,18.7,17.5)
> B <- c(18.0,18.3,17.7,18.5,18.2,18.0,18.6,17.2,18.7,17.5)
> nA <- 10
> nB <- 10
> a <- 0.02/2
> Fa <- qf(a,nA-1,nB-1,lower.tail=FALSE)
> Fb <- qf(1-a,nA-1,nB-1,lower.tail=FALSE)
> uA2 <- var(A)
> uB2 <- var(B)
> c(Fb*uA2/uB2, Fa*uA2/uB2) #公式
[1]  2.464244 70.562595
> var.test(A,B,altenative="two.sided",
+          conf.level=0.98)$conf.int #var.testのconf.int
[1]  2.464244 70.562595
attr(,"conf.level")
[1] 0.98
```

13.11 A 国王の支持率を p とし，$n = 200 \geqq 50, s_{200} = 77$ なので

$$\Longleftrightarrow \mathrm{P}\left(\boxed{-2.5758} \leqq \underbrace{\frac{S_n - np}{\sqrt{np(1-p)}}}_{(\sim N(0,1))} \leqq \boxed{2.5758}\right) = 0.99$$

$$\Longrightarrow \frac{77 - 2.5758\frac{\sqrt{200}}{2}}{200} \leqq p \leqq \frac{77 + 2.5758\frac{\sqrt{200}}{2}}{200} \text{ より } [0.294, 0.476].$$

R による答

```
> n <- 200
> a <- 0.01/2
> za <- qnorm(a,0,1,lower.tail=FALSE)
> sn <- 77
> c(sn/n-za*1/(2*sqrt(n)), sn/n+za*1/(2*sqrt(n)))
[1] 0.2939307 0.4760693
```

13.12 [a] (1) $H_0 : \mu = 18.6$,　$H_1 : \mu \neq 18.6$.　(2) $Q = \dfrac{\overline{X} - \mu_0}{\sqrt{\dfrac{\sigma^2}{n}}}$ $(\overset{H_0}{\sim} N(0,1))$.

(3) H_0 の下で $P\bigl(Q < -c \text{ または } c < Q\bigr) = 0.05 \iff$ $\dfrac{0.01}{2} = 0.005$ と

なる $c = 2.5758$.

(4) $n = 10, \overline{x} = 18.07, \sigma^2 = 0.50^2$ より H_0 の下で Q の実現値 q が

$$q = \dfrac{18.07 - 18.6}{\sqrt{\dfrac{0.50^2}{10}}} = -3.352 < -2.5758 \Longrightarrow H_0 \text{は棄却される}.$$

つまり μ は 18.6 でないといえる.

13.12 [b] (1) $H_0 : \mu = 18.5$,　$H_1 : \mu \neq 18.5$.　(2) $Q = \dfrac{\overline{X} - \mu_0}{\sqrt{\dfrac{u^2}{n}}}$ $(\overset{H_0}{\sim} t_9)$.

(3) H_0 の下で $P\bigl(Q < -c \text{ または } c < Q\bigr) = 0.01 \iff$ $\dfrac{0.01}{2} = 0.005$ とな

る $c = 3.25$.

(4) $n = 10, \overline{x} = 18.07, u^2 = 0.24$ より H_0 の下での Q の実現値 q が

$$q = \dfrac{18.07 - 18.5}{\sqrt{\dfrac{0.24}{10}}} = -2.78 \begin{cases} \geq -3.25, \\ \leq 3.25 \end{cases} \Longrightarrow H_0 \text{は棄却されない}.$$

つまり μ は 18.5 でないといえない.

R による答

```
> A <- c(18.0,18.3,17.7,18.5,18.0,18.6,17.2,18.7,18.2,17.5)
> t.test(A, alternative="two.sided", mu=18.5,
+         conf.level=0.99)

        One Sample t-test

data:  A
t = -2.775, df = 9, p-value = 0.02158
alternative hypothesis: true mean is not equal to 18.5
99 percent confidence interval:
 17.56642 18.57358
sample estimates:
mean of x
    18.07
```

今回は p-value = $2P(t_9 < -2.775)$ = 0.02158 ≧ 0.01 より H_0 は棄却されません.

13.12 [c] (1) $H_0 : \sigma^2 = 0.25$, $H_1 : \sigma^2 \neq 0.25$. (2) $Q = \dfrac{(n-1)U^2}{\sigma_0^2}$ ($\overset{H_0}{\sim} \chi_9^2$).

(3) H_0 の下で $P\left(Q < c_1 \text{ または } c_2 < Q\right) = 0.01 \iff$

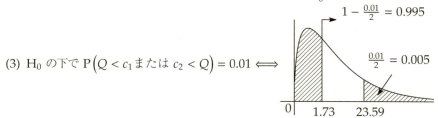

となる $c_1 = 1.73, c_2 = 23.59$.

(4) $n = 10, \sigma^2 = 0.25, u^2 = 0.24$ より H_0 の下での Q の実現値 q が

$$q = \dfrac{9 \cdot 0.24}{0.25} = 8.64 \begin{cases} \geq 1.73, \\ \leq 23.59 \end{cases} \implies H_0\text{は棄却されない}.$$

つまり σ^2 は 0.25 でないといえない.

13.12 [d] (1) $H_0 : \sigma_A^2 = \sigma_B^2,\quad H_1 : \sigma_A^2 \neq \sigma_B^2.$ (2) $Q = \dfrac{U_A^2}{U_B^2}\ \ (\overset{H_0}{\sim} F_9^9).$

(3) H_0 の下で $P\left(Q < c_1\ \text{または}\ c_2 < Q\right) = 0.1 \iff$

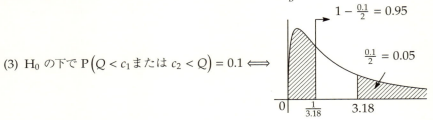

となる $c_1 = \dfrac{1}{3.18} = 0.314, c_2 = 3.18.$

(4) $u_A^2 = 0.24, u_B^2 = 12.5$ より H_0 の下での Q の実現値 q が

$$q = \dfrac{0.24}{12.5} = 0.0192 < 0.314 \Longrightarrow H_0\text{は棄却される}.$$

つまり σ_A^2 と σ_B^2 は異なるといえる.

> [!NOTE] R による答

```
> A <- c(18.0,18.3,17.7,18.5,18.0,18.6,17.2,18.7,18.2,17.5)
> B <- c(17.6,16.8,23.5,15.8,9.3,18.8,19.0,18.7,18.2,17.5)
> var.test(A, B, altenative="two.sided", conf.level=0.9)

        F test to compare two variances

data:  A and B
F = 0.01921, num df = 9, denom df = 9, p-value = 2.173e-06
alternative hypothesis: true ratio of variances is not equal
    to 1
90 percent confidence interval:
 0.006042849 0.061065176
sample estimates:
ratio of variances
        0.01920957
```

今回は p-value $= 2P(F_9^9 > 0.01921) = 2.173\text{e-}06 = 2.173 \times 10^{-6} < 0.1$ より H_0 は棄却されます.

13.13 (1) $H_0 : p = 0.3$, $H_1 : p < 0.3$. (2) $Q = \dfrac{S_n - np_0}{\sqrt{np_0(1-p_0)}}$ ($\underset{n \geq 50}{\overset{H_0}{\sim}} N(0,1)$).

(3) H_0 の下で $P(Q < -c) = 0.01 \iff$ となる $c = 2.3263$.

(4) $n = 200, s_{200} = 30$ より H_0 の下での Q の実現値 q が
$$q = \frac{30 - 200 \cdot 0.3}{\sqrt{200 \cdot 0.3 \cdot 0.7}} = -4.63 \leq -2.3263 \implies H_0 \text{は棄却される}.$$

つまり国王の支持率 p は 0.3 より真に低いといえる.

13.14 $A_1 = $ グー, $A_2 = $ チョキ, $A_3 = $ パー とおきます.

(1) $H_0 : p_1 = \pi_1, p_2 = \pi_2, p_2 = \pi_3$, $H_1 : H_0$ ではない.

(2) $Q = \displaystyle\sum_{j=1}^{3} \frac{(F_j - n\pi_j)^2}{n\pi_j}$ $\left(\overset{H_0}{=} \displaystyle\sum_{j=1}^{3} \frac{(F_j - np_j)^2}{np_j} \underset{n \geq 50}{\sim} \chi_2^2\right)$.

(3) H_0 の下で $P(Q > c) = 0.05$ となる $c = 5.99$.

(4) H_0 の下での Q の実現値 q が
$$q = \frac{(25 - 50 \cdot 0.35)^2}{50 \cdot 0.35} + \frac{(14 - 50 \cdot 0.32)^2}{50 \cdot 0.32} + \frac{(11 - 50 \cdot 0.33)^2}{50 \cdot 0.33} = 5.3 \leq 5.99$$
$\implies H_0$ は棄却されない.

つまりこの人の出し方は一般人の出し方と異なるといえない.

> [R による答]
> ```
> > x <- c(25,14,11)
> > pi <- c(0.35,0.32,0.33)
> > chisq.test(x,p=pi)
> 
>         Chi-squared test for given probabilities
> 
> data:  x
> X-squared = 5.2976, df = 2, p-value = 0.07074
> ```

今回は p-value $= P(\chi_2^2 > 5.2976) = 0.07074 \geq 0.05$ より H_0 は棄却されません.

13.15 (1) H_0 : すべての $j = 1, 2, k = 1, 2$ に対し $p_{jk} = p_{A_j} p_{B_k}$,　$H_1 : H_0$ ではない.

(2) $Q = \sum_{\substack{j=1,2,\\k=1,2}} \dfrac{\left(F_{jk} - \dfrac{F_{A_j} F_{B_k}}{n}\right)^2}{\dfrac{F_{A_j} F_{B_k}}{n}} \stackrel{H_0,}{\underset{\text{代用}}{=}} \sum_{\substack{j=1,2,\\k=1,2}} \dfrac{(F_{jk} - np_{jk})^2}{np_{jk}} \stackrel{n \geqq 50}{\approx} \chi^2_{(2-1)(2-1)} = \chi^2_1$.

$\left(p_{A_j} \to \dfrac{F_{A_j}}{n}, \; p_{B_k} \to \dfrac{F_{B_k}}{n} \text{ と代用.}\right)$

(3) H_0 の下で $P(Q > c) = 0.05$ となる $c = 3.84$.

(4) H_0 の下での Q の実現値 q が

$$q = \frac{\left(18 - \frac{85 \cdot 63}{195}\right)^2}{\frac{85 \cdot 63}{195}} + \frac{\left(67 - \frac{85 \cdot 132}{195}\right)^2}{\frac{85 \cdot 132}{195}} + \frac{\left(45 - \frac{110 \cdot 63}{195}\right)^2}{\frac{110 \cdot 63}{195}} + \frac{\left(65 - \frac{110 \cdot 132}{195}\right)^2}{\frac{110 \cdot 132}{195}}$$

$= 8.54 > 3.84 \implies H_0$ は棄却される.

つまりこの予防薬の服用の有無と風邪の発病は独立でないといえる.

> [!NOTE] R による答

```
> x <- matrix(c(18,67,45,65), nrow=2, byrow=T)
> chisq.test(x, correct=F)

        Pearson's Chi-squared test

data:  x
X-squared = 8.5369, df = 1, p-value = 0.00348
```

今回は p-value $= P(\chi^2_1 > 8.5369) = 0.00348 < 0.05$ より H_0 は棄却されます. ただし本問のような 2×2 分割表の場合, 単に chisq.test(x) と入力しますと, H_0 の下での Q の実現値 $q =$ X-squared $= \sum\limits_{\substack{j=1,2,\\k=1,2}} \left(\left| f_{jk} - \dfrac{f_{A_j} f_{B_k}}{n} \right| - 0.5 \right)^2 \Big/ \left(\dfrac{f_{A_j} f_{B_k}}{n} \right)$ が出力されます. これをイエーツの補正 (Yates' correction) といいます.

```
> x <- matrix(c(18,67,45,65), nrow=2, byrow=T)
> chisq.test(x)

        Pearson's Chi-squared test with Yates' continuity
    correction

data:  x
X-squared = 7.6585, df = 1, p-value = 0.005651
```

参考文献

[1] 青木繁伸, R による統計解析, オーム社, 2009.

[2] 稲垣宣生, 数理統計学, 裳華房, 1990.

[3] 稲垣宣生・山根芳知・吉田光雄, 統計学入門, 裳華房, 1992.

[4] 井上隆勝, 統計学入門, 共立出版株式会社, 2004.

[5] 楠岡成雄, 確率・統計, 森北出版, 1995.

[6] 国沢清典 (編), 確率統計演習 1, 2, 培風館, 1966.

[7] 小針あき宏, 確率・統計入門, 岩波書店, 1973.

[8] 田栗正章・藤越康祝・柳井晴夫・C. R. ラオ, やさしい統計入門, 講談社, 2007.

[9] 道工勇, 確率と統計, 数学書房, 2012.

[10] 統計科学研究所, 統計分析フリーソフト「R」, http://www.statistics.co.jp/reference/software_R/free_software-R.htm

[11] 東京大学教養学部統計学教室 (編), 統計学入門, 東京大学出版会, 1991.

[12] 東京大学教養学部統計学教室 (編), 自然科学の統計学, 東京大学出版会, 1992.

[13] 永田靖, サンプルサイズの決め方, 朝倉書店, 2003.

[14] 日本統計学会 (編), 統計学基礎, 東京図書, 2012.

[15] 野田一雄・宮岡悦良, 数理統計学の基礎, 共立出版株式会社, 1992.

[16] 服部哲弥, 統計と確率の基礎, 学術図書出版社, 2006.

[17] 服部哲也, 理工系の確率・統計入門, 学術図書出版社, 2006.

[18] 服部哲也, 確率分布と統計入門, 学術図書出版社, 2011.

[19] 藤田岳彦, 弱点克服大学生の確率・統計, 東京図書, 2010.

[20] 舟尾暢男, The R Tips, オーム社, 2009.

[21] 松本裕行, 確率・統計の基礎, 学術図書出版社, 2014.

[22] 松本裕行・宮原孝夫, 数理統計入門, 学術図書出版社, 1990.

[23] 蓑谷千凰彦, 統計学入門, 東京図書, 1994.

[24] 村上正康・安田正實, 統計学演習, 培風館, 1989.

[25] 山田剛史・杉澤武俊・村井 潤一郎, R によるやさしい統計学, オーム社, 2008.

[26] 吉田伸生, 確率の基礎から統計へ, 遊星社, 2012.

索引

■記号・欧文先頭

F 分布, 64
　——の自由度の入れ替え, 66
F 分布表, 65, 140, 141
$\sum \frac{(観測度数 - 理論度数)^2}{理論度数}$, 111, 112, 114–116, 118, 119
t 分布, 62
t 分布表, 63, 139
χ^2 分布表, 61, 138

■あ行

イエーツの補正, 196
一次変換, 11, 72
一様分布, 51
一致推定量, 97
一致性, 97

上側ヒンジ, 3

■か行

回帰分析, 123
階級値, 8
階級の幅, 8
カイ二乗分布, 60
確率, 24
確率分布, 33
確率変数, 32
　——の関数, 32
合併不偏分散, 107
ガンマ関数, 56

幾何分布, 47

　——と指数分布の関係, 54, 74
棄却域, 102
危険率, 102
期待値, 36, 37
　——の加法性, 38
　——の線形性, 38
帰無仮説, 102
強一致推定量, 98
強一致性, 98
近似, 46, 85

空事象, 20
区間推定, 86
クラメール–ラオの下限, 94
クラメール–ラオの不等式, 94

検出力, 121
検定, 100
検定統計量, 102
検定力, 121

効果量, 121
公平なサイコロ, 23
誤差, 123
　——の分散の推定, 127
コルモゴロフの定義 (確率の公理), 24
根元事象, 20

■さ行

最小値, 3
最小二乗推定量, 124
最小二乗法, 124

再生性, 72
最大値, 3
最頻値, 4
最尤推定量, 99
残差, 127
散布図, 6, 15

試行, 20
事象, 20
指数分布, 53
下側ヒンジ, 3
四分位数, 3, 10, 12
四分位範囲, 5
条件付確率, 27
乗法公式, 29, 151
信頼区間, 86
信頼係数, 86

推定値, 86
推定量, 86, 93
スタージェスの公式, 8
スターリングの公式, 188

生起回数, 42
　　——の標準化, 84, 92, 110
正規分布, 55
　　——の適合度の検定, 114–116
正規分布表 I, 57, 136
正規分布表 II, 58, 137
積事象, 22
積率母関数, 71
全事象, 20

相対度数, 8
総度数, 8

■た行
第一種の誤り, 121
対数正規分布, 59
大数の法則, 81
対数尤度関数, 99
第二種の誤り, 121
対立仮説, 102

チェビシェフの不等式, 83
中央値, 2
中心極限定理, 75, 84
直交変換不変性, 73

適合度の検定, 111
点推定, 86
テント分布, 74

統計量, 2
等比級数の和, 47
同分布, 35
独立, 28, 35, 67
独立性の検定, 118
度数, 8
度数分布表, 8, 16
ド・モアブル–ラプラスの定理, 84
ド・モルガンの法則, 22

■な行
生データ, 1

二項係数, 42
二項定理, 44
二項分布, 42
　　——の正規分布による近似, 85
　　——の標準化, 84, 92, 110

——のポアソン分布による近似, 46
二項分布表, 135

■は行
排反, 22
背理法, 101
箱ひげ図, 6
パスカルの三角形, 42
半整数補正, 85

ヒストグラム, 6, 8
左片側検定, 102
非復元抽出, 27
標準化, 41
標準偏差, 41
標本, 1, 67
　——の大きさ, 2
標本回帰係数, 124
標本回帰直線, 124
標本共分散, 15, 18
標本空間, 20
標本相関係数, 16, 18
標本データ, 1, 67
標本点, 20
標本標準偏差, 5
標本分散, 5, 10, 68
標本平均, 2, 10, 68, 69
　——の差の標準化, 107
　——の差の標準化で母分散を合併不偏分散に変更, 107
　——の標準化, 76, 84, 87, 103
　——の標準化で母分散を不偏分散に変更, 79, 88, 104
比率, 8
ヒンジ, 3

頻度による定義, 24

フィッシャー情報量, 94
不偏推定量, 93
不偏性, 93
不偏分散, 5, 68, 93
分位数, 3
分割, 29, 31
分散, 39
　——の加法性, 40
分配法則, 22

平均, 36
平均二乗一致推定量, 98
平均二乗一致性, 98
ベイズの定理, 29, 31
ベルヌーイ分布, 43
偏差値, 5

ポアソンの小数の法則, 46, 74
ポアソン分布, 45
包含排除の原理, 25
母回帰係数, 123
母回帰方程式, 123
母集団, 1, 67
母集団分布, 67
母数, 67
母比率, 67
　——の検定, 110
　——の信頼区間, 92
母分散, 67
　——の検定, 105
　——の信頼区間, 89
　——の違いの検定, 106
　——の比の信頼区間, 90

$\frac{(標本の大きさ-1)\,不偏分散}{母分散}$, 77, 89, 105

$\frac{不偏分散}{母分散}$ の比, 80, 90, 91, 106

母平均, 67

　　——の検定, 103, 104

　　——の信頼区間, 87, 88

　　——の違いの検定, 108, 109

■ま行

マクローリン展開, 45

右片側検定, 102

密度関数, 33, 34

無記憶性, 47, 53

無作為抽出法, 67

無作為標本, 67

メジアン, 2

モード, 4

■や行

有意水準, 102

有効推定量, 94

有効性, 94

尤度関数, 99

余事象, 22

■ら行

ラプラスの定義, 23

離散一様分布, 49

　　——と一様分布の関係, 52, 74

離散型確率分布, 33

離散型確率変数, 32

離散分布, 33

両側検定, 102

累積相対度数, 8

累積度数, 8

累積度数多角形, 12

累積比率, 8

レンジ, 8

連続型確率分布, 34

連続型確率変数, 32

連続分布, 34

■わ行

和事象, 22

種村　秀紀
たねむら・ひでき

略歴
1959 年　神奈川県生まれ
1989 年　慶應義塾大学大学院理工学研究科後期課程修了
現　在　慶應義塾大学大学院理工学研究科教授
　　　　理学博士

澁谷　幹夫
しぶや・みきお

略歴
1980 年　新潟県生まれ
2010 年　千葉大学大学院自然科学研究科博士後期課程修了
現　在　千葉大学博士研究員
　　　　博士 (理学)

統計学 I

2017 年 12 月 15 日　第 1 版第 1 刷発行
2023 年　3 月 30 日　第 1 版第 2 刷発行

著者　　種村秀紀・澁谷幹夫
発行者　横山 伸
発行　　有限会社　数学書房
　　　　〒 101-0051　東京都千代田区神田神保町 1-32-2
　　　　TEL　03-5281-1777
　　　　FAX　03-5281-1778
　　　　mathmath@sugakushobo.co.jp
　　　　振込口座　00100-0-372475
印刷
製本　　精文堂印刷株式会社
組版　　野崎 洋
装幀　　岩崎寿文

ⓒH.Tanemura, M.Shibuya 2017　　Printed in Japan
ISBN 978-4-903342-84-9